科学出版社"十三五"普通高等教育本科规划教材

Excel 计算思维与决策实验指导书
（第三版）

刘凌波　主编

科学出版社

北　京

内 容 简 介

本书是《Excel 计算思维与决策(第三版)》(刘凌波主编)一书的配套实验教材,在主教材知识讲授的基础上进行相应的实训练习,以帮助读者进一步理解和巩固主教材内容,同时提高计算思维能力的训练。本书与主教材的章节安排完全对应,每一章包含若干个与主教材相配套的实验练习,其中标注星号的实验为拓展实验。

本书实验编排紧贴主教材内容,实验步骤描述翔实,可作为财经类院校学生的实验教材,同时也可作为生产管理、经济统计、数据分析处理等领域工作人员的参考书。

图书在版编目(CIP)数据

Excel 计算思维与决策实验指导书 / 刘凌波主编. — 3 版. — 北京:科学出版社,2021.8

科学出版社"十三五"普通高等教育本科规划教材

ISBN 978-7-03-069564-2

Ⅰ. ①E… Ⅱ. ①刘… Ⅲ. ①表处理软件-高等学校-教材 Ⅳ. ①TP391.13

中国版本图书馆 CIP 数据核字(2021)第 158530 号

责任编辑:于海云 / 责任校对:王 瑞
责任印制:吴兆东 / 封面设计:迷底书装

科 学 出 版 社 出版

北京东黄城根北街 16 号
邮政编码:100717
http://www.sciencep.com

北京中科印刷有限公司印刷
科学出版社发行 各地新华书店经销
*

2015 年 2 月第 一 版 开本:787×1092 1/16
2021 年 8 月第 三 版 印张:9
2025 年 1 月第十六次印刷 字数:225 000

定价:27.00 元

(如有印装质量问题,我社负责调换)

前　言

Excel 作为办公软件 Office 最重要的组件之一，在数据处理、统计分析、图表设计、决策支持等方面具有强大的功能，同时它在经济统计与分析领域也发挥着重要的作用。对于财经类院校的学生，掌握 Excel 在经济统计与分析中的各种应用是必不可少的技能，将为后续专业课学习和今后的工作打下良好的基础。

本书是《Excel 计算思维与决策(第三版)》(刘凌波主编)一书的配套实验教材，通过在主教材知识讲授的基础上进行相应的练习，进一步理解和巩固主教材内容，加强对计算思维能力的训练。本书实验编排紧贴主教材知识点，实验步骤描述翔实。

本书分为 11 章。首先简要介绍了 Excel 的基础知识和 Excel 中常用的公式与函数，并讲解了数据输入、数据透视表和数据管理与数据分析工具；然后在此基础上重点介绍了(动态)图表、投资决策模型、经济订货量模型、最优化模型、时间序列预测，以及回归分析预测的工具、方法和应用；最后通过综合案例，读者对全书知识点有一个整体的概念。

为适应计算机应用软件的升级，本次改版采用了 Excel 2016 版本作为操作软件，对实验教材进行了以下修订：

(1)重新梳理并更新了 Excel 新版本软件下的相关描述、操作过程及步骤。

(2)在每一章的实验中，标记星号的实验对应的是主教材中"拓展应用"一节的内容，在教学过程中可根据实际需要选用。

(3)进一步完善和丰富了案例讲解过程，细化了案例操作过程的描述。

(4)新增了一章"综合案例"实验内容，利用前面各章节介绍的工具与方法进行实际案例剖析。

(5)补充完善了实验教材的相关教学资源。

本书由刘凌波担任主编，参加编写的教师有童端、朱小英、周松、丁元明、周浪、赵明、黄波、赵文彦、吕捷和叶东海。

感谢在本书编写过程中给予大力支持及共同努力的人们！同时向本书参考文献资料的作者表示感谢！

由于编者水平有限，且时间仓促，书中难免会有疏漏和不足之处，恳请各位专家和读者批评指正。

编　者
2021 年 3 月

目　　录

第 1 章　Excel 基础操作与全局思维

实验 1.1　Excel 基本操作(一)

【实验目的】

1. 掌握启动 Excel 的方法。
2. 掌握 Excel 工作表的格式化方法。
3. 掌握保存工作簿的操作。
4. 掌握退出 Excel 的 3 种方法。
5. 找准重点和核心事件，训练系统性的逻辑思维能力。

【实验内容】

1. 插入行和列，合并和对齐单元格，给数据表增加表头标题并设置标题格式。
2. 设置行高和列宽、单元格字体字号、单元格自动换行。
3. 设置单元格的边框和底纹。
4. 保存文件。
5. 退出 Excel。

【操作步骤】

1. 启动 Excel。

单击"开始"按钮，直接选择弹出菜单里面的"Excel 2016"命令，就可以启动 Excel。或者在 "开始"菜单里选择"所有程序"下的"Excel 2016"命令，或者在"开始"菜单里的"搜索程序和文件"文本框里输入"Excel"，在搜索到的程序里选择"Excel 2016"，都可启动 Excel。

2. 打开工作簿"实验 1.1.xlsx"。

在 Excel 中，选择"文件"选项卡的"打开"命令，在右边的菜单项中选择"文件夹"，选择相应路径，找到 "实验 1.1.xlsx"，单击该文件名，则打开"实验 1.1"工作表数据，如图 1-1 所示。

3. 插入空行，给数据表增加表头标题并设置标题格式。

(1)选中行号 1，右击，在弹出的快捷菜单中选"插入"命令，在第 1 行之前插入一个空行。

(2)在 A1 单元格输入"图书情况销售表"(注：不输入引号)，作为表标题。

(3)选择 A1:F1 单元格区域，合并后居中成为一个单元格。

	A	B	C	D	E	F
1	图书编号	书名	图书类别	销售数量	销售日期	单价
2	S001.02	古今中外格言	少儿	500	2013/2/10	20
3	T001.10	数据库应用系统	计算机	1000	2013/7/8	30
4	T001.06	计算机应用基础	计算机	2000	2013/9/10	29
5	S001.04	唐诗三百首	少儿	1300	2013/5/9	19
6	A001.06	牛津字典	社科	2	2013/6/23	50
7	S001.05	宋词	少儿	600	2013/8/12	20
8	S001.01	三字经里的故事	少儿	230	2013/10/6	22
9	T001.07	Office2010新开发	计算机	1200	2013/12/29	30
10	T001.08	Excel应用大全	计算机	3000	2013/8/20	32
11	T001.09	计算机在财经中的应用	计算机	5000	2013/11/12	31
12	S001.03	成语词典	少儿	1200	2013/7/27	20
13	k004.07	会计核算	会计	700	2013/9/26	25
14	D005.09	统计分析	统计	760	2014/1/7	28
15	B0012.09	昆虫记	社科	200	2014/5/9	30
16	S0012.10	百科知识	少儿	300	2014/2/12	25

图 1-1　　"实验 1.1"工作表数据

4．设置行高和列宽、单元格字体字号。

（1）设置第 1 行的行高为 30。选中第 1 行，选择"开始"选项卡"单元格"组中的"格式"命令，选择"行高"，在打开的"行高"对话框中输入"30"，单击"确定"按钮。或选中第 1 行，右击，在弹出的快捷菜单中选择"行高"命令，输入"30"。

（2）选中 A1 单元格内容，设置文字颜色为红色，字体为宋体，字号为 20 磅。

（3）选中 A2:F47 单元格区域，设置字体为华文仿宋，字号为 16 磅。

（4）设置合适的列宽。选中 E 列，选择"单元格"组中的"格式"命令，在下拉菜单中选择"自动调整列宽"命令。

（5）设置自动换行。选中 B 列，选择"开始"选项卡"对齐方式"组中的"自动换行"命令。

5．设置边框和底纹。

（1）按 Ctrl+A 快捷键选中整个数据区（非空单元格），设置框线为所有框线。

（2）选中 A2:F2 单元格区域，设置黄色底纹，结果如图 1-2 所示。

	A	B	C	D	E	F
1			图书销售情况表			
2	图书编号	书名	图书类别	销售数量	销售日期	单价
3	S001.02	古今中外格言	少儿	500	2013/2/10	20
4	T001.10	数据库应用系统	计算机	1000	2013/7/8	30
5	T001.06	计算机应用基础	计算机	2000	2013/9/10	29
6	S001.04	唐诗三百首	少儿	1300	2013/5/9	19
7	A001.06	牛津字典	社科	2	2013/6/23	50
8	S001.05	宋词	少儿	600	2013/8/12	20
9	S001.01	三字经里的故事	少儿	230	2013/10/6	22
10	T001.07	Office2010新开发	计算机	1200	2013/12/29	30
11	T001.08	Excel应用大全	计算机	3000	2013/8/20	32
12	T001.09	计算机在财经中的应用	计算机	5000	2013/11/12	31
13	S001.03	成语词典	少儿	1200	2013/7/27	20
14	k004.07	会计核算	会计	700	2013/9/26	25

图 1-2　　实验 1.1 结果图示

6．保存文件。

（1）单击"文件"主选项卡的"另存为"命令，在右侧选择相应文件夹后，在弹出的

"另存为"对话框中输入自己的班级学号,即可把文件保存到以自己的班级学号命名的文件夹中。

(2)保存文件名称为"班级学号姓名实验 1.1",扩展名为"xlsx"。

7．退出 Excel。

(1)单击窗口最右上角的"关闭"按钮⊠。

(2)单击标题栏中的"关闭"命令。

想一想:能说出退出 Excel 的第 3 种方法吗?

实验 1.2　Excel 基本操作(二)

【实验目的】

1．熟悉单元格自定义格式设置。

2．熟悉条件格式的操作。

3．熟悉查找和替换操作。

4．熟悉冻结操作。

5．掌握单元格文字居中及边框和底纹的设置。

6．着眼基础操作,把观察全局的习惯植入到潜意识里。

【实验内容】

1．打开数据表"实验 1.2.xlsx",删除空行和空列,并对隐藏的列取消隐藏。

2．对"日期"字段自定义"dd 日 mm 月 yyyy 年"显示格式。

3．将"经营门市"字段中的"公司"替换为"部门"。

4．冻结首列,选择 A7:F7 单元格区域,设置字体为楷体,颜色为红色,边框为粗外侧框线。

5．对"数量"字段设置条件格式,突出显示数量大于 60 的单元格,绿填充色深绿色文本。

【操作步骤】

1．打开工作簿"实验 1.2.xlsx",选中第 9 行空行,在弹出的快捷菜单中右击,选择"删除"命令,选择 D 列空列,右击,在弹出的快捷菜单中选"删除"命令。选择 D 列和 F 列,右击,在弹出的快捷菜单中选择"取消隐藏"命令,则 E 列显现。

2．选择 E2:E21 单元格区域,在"开始"选项卡的"单元格"组中单击"格式"按钮,选择"设置单元格格式"命令,选择"数字"选项卡,在"分类"下选择"自定义",在"类型"文本框中输入"dd 日 mm 月 yyyy 年",单击"确定"按钮。

3．选中"经营门市"字段 D2:D21 单元格区域,在"开始"选项卡的"编辑"组中单击"查找和选择"按钮,在菜单中选择"替换"命令,输入查找内容"公司"并且替换为"部门",单击"全部替换"按钮。

4．选中 A 列,在"视图"选项卡的"窗口"组中单击"冻结窗格"按钮,选择"冻结

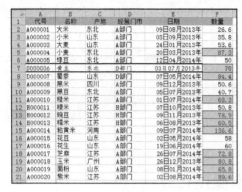

图 1-3　实验 1.2 结果图示

首列"命令。选中 A7:F7 单元格区域，设置字体为楷体，颜色为红色，边框为粗外侧框线。

5．选中 F2:F21 单元格区域，在"开始"选项卡的"样式"组中单击"条件格式"按钮，选"突出显示单元格规则"的"大于"命令，在弹出的对话框中，为数量大于 60 的单元格设置绿填充色深绿色文本。

以上操作完成后的结果如图 1-3 所示。

设置完成后保存工作簿文件，名称为"班级姓名学号-实验 1.2"，扩展名为"xlsx"。

实验 1.3　Excel 打印管理

【实验目的】

1．熟悉页边距设置。

2．熟悉自定义页眉页脚。

3．熟悉打印预览。

4．从目标出发找准定位，训练高效的处理方法。

【实验内容】

1．打开工作簿文件"实验 1.3.xlsx"，加空行，输入记录，设置单元格字号、底纹、框线。

2．设置页边距，自定义页眉页脚，打印预览。

【操作步骤】

1．打开工作簿"实验 1.3.xlsx"，取消 C 列的隐藏。在 19 行插入一个空行，输入"XG0001、西瓜、100、中部、10"。

2．将 A1:E1 单元格区域合并并居中，设置标题格式：字号为 20 磅，底纹为"蓝色，个性色 1，淡色 80%"；框线为粗外侧框线，红色。

3．选中 A2:E33 单元格区域，设置字号为 18 磅，对齐方式为居中，调整各列宽为最合适列宽。

4．在"页面布局"选项卡的"页面设置"组中单击"页边距"按钮，选择"自定义边距"命令，打开"页面设置"对话框，在"页边距"选项卡中进行设置：左边距为 3.8，上边距为 1.9，下边距为 1.9，右边距为 1.8。

5．自定义页脚。左侧插入日期，16 磅字，倾斜；中间输入"第&[页码]页，共&[总页数]页"，16 磅字。单击"确定"按钮，如图 1-4 所示。

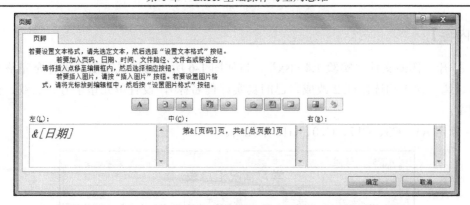

图 1-4 自定义页脚

回到"页面设置"对话框,选择"打印预览",打印预览的效果如图 1-5 所示。

果树基地栽培情况表				
代号	树种	株树(棵)	栽种地区	单价
CLZ001	车厘子	30	中部	300
HL001	火龙果	30	南部	200
L0001	梨树	10	北部	200
LL0001	榴莲	30	南部	200
LZ0001	荔枝	50	南部	190
MH001	猕猴桃	30	北部	100
NY0001	牛油果	10	南部	260
PG0001	苹果	20	北部	160
SJ001	释迦果	20	南部	350
SS0001	桑树	40	中部	160
T0002	桃树	10	北部	150
W0001	无花果	10	北部	50
X0001	杏树	15	北部	140
XJ0001	香蕉	60	南部	200
YT0001	樱桃	40	中部	200
ZT0001	竹桃	40	南部	300
XG0001	西瓜	100	中部	10
GLG001	嘎啦果	50	北部	20
LZ0002	荔枝2	60	南部	50
GZ0001	果子	20	北部	50
CM0001	草莓	1000	南部	10
HM0001	黑莓	900	南部	20
LM0002	蓝莓	800	中部	30
LM0002	蓝莓2号	300	中部	40
LZ0001	李子1号	1000	北部	50
LZ0002	李子2号	2000	北部	50
2014/8/4		第 1页,共2 页		

图 1-5 打印预览效果

实验 1.4 用 Excel 制作学习情况汇总表

【实验目的】

1.掌握单元格的一些基本操作。
2.掌握单元格边框线条和颜色的设置方法。
3.掌握锁定部分单元格的方法。
4.掌握水印的设置方法和版权保护意识。
5.掌握全局思维方式下的电子表格制作步骤。
6.以逻辑思维方式和图表相结合的特性,训练全局思维能力。

【实验内容】

1. 打开工作簿文件"实验 1.4.xlsx"，按如图 1-6 所示的样式把汇总表补充完整（把课程名称、选修课 1 和选修课 2 改成自己的真实课程名称），设置单元格字号、底纹、框线，调整列宽。

2. 锁定 A1、C3、C17、C20、G18 单元格。

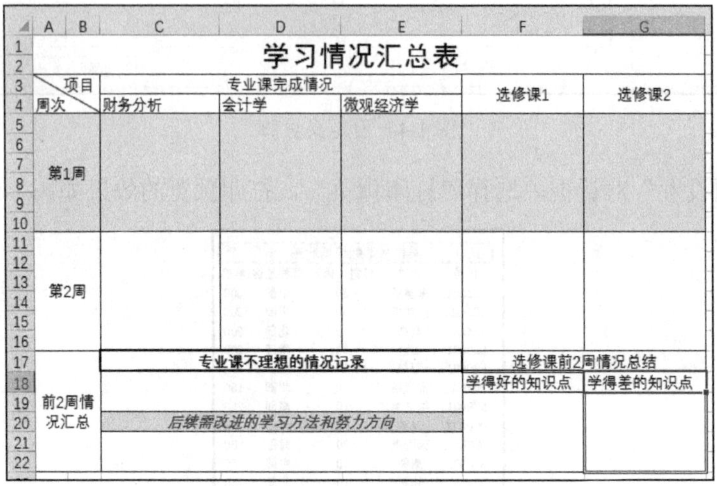

图 1-6　学习情况汇总表截图

【操作步骤】

1. 打开工作簿"实验 1.4.xlsx"，在 A3 单元格输入"项目"，按 Alt+Enter 快捷键换行后，输入"周次"。单击"开始"主选项卡"对齐方式"组里面的"左对齐"，调整 A、B 两列的列宽为 3.5。再双击单元格进入编辑状态，使用键盘的空格键将"项目"这两个字向右移。在"插入"主选项卡的"插图"组中选择"形状"命令，找到"直线"，然后将直线按对角拉出一条线。

2. 在"开始"主选项卡的"字体"组选"填充颜色"，设置 A5:G5 单元格区域的填充色为"蓝色，个性色 5，淡色 80%"。设置 C20 单元格的字体加粗并倾斜，字体颜色为红色，填充色为黄色。将 G19:G22 单元格区域合并后居中，然后选中 G18:G19 单元格区域，设置为红色双线边框。

3. 将鼠标指针放置在表格中的任意单元格，按 Ctrl+A 快捷键选中整个学习情况汇总表，右击，在弹出的快捷菜单中选择"设置单元格格式"命令后，在弹出的对话框里选"保护"，去掉"锁定"复选框前面的勾选。然后按住 Ctrl 键，依次选中 A1、C3、C17、C20、G18 单元格，右键单击设置单元格格式，在弹出的对话框里选择"保护"，勾选"锁定"复选框。

4. 选中"审阅"选项卡"保护"组里面的"保护工作表"命令，在弹出的菜单里勾选前两项。设置密码进行保护后，回到工作表界面。测试发现，A1、C3、C17、C20、G18 单元格都被锁定了，不能随意更改，而其他单元格则可以随意输入任意数据。

第 2 章　数据计算与函数思维

实验 2.1　Excel 常用计算应用实例

【实验目的】

1. 掌握函数和公式的基本使用方法。
2. 掌握单元格(区域)引用的基本方法。
3. 掌握使用填充柄复制公式的方法。
4. 学会使用 SUM 函数、AVERAGE 函数、MAX 函数、MIN 函数和 RANK 函数做汇总统计。
5. 掌握使用 COUNTIF 函数进行有条件的计数统计。
6. 学会使用 VLOOKUP 函数在指定区域中查找数据的方法。
7. 学会使用 INDEX 函数嵌套 MATCH 函数来实现数据查找的方法。
8. 学会利用函数思维的方法，找出已知条件与所求解问题之间的关联关系，再结合本章学习的公式和函数知识解决所学专业和生活中面临的问题。

【实验内容】

1. 学生成绩表工作表提供的数据清单如图 2-1 所示。利用 SUM、AVERAGE 及 RANK 函数计算每个学生的总分、平均分及总分排名(降序)，结果放在相应列中，其中平均分要求四舍五入，保留 1 位小数。

2. 利用 MAX、MIN 函数计算各门课程的最高分和最低分，结果放在 B28:E29 单元格区域中，如图 2-1 所示。

3. 利用 COUNTIF 函数统计出语文成绩大于等于 90 分的人数，结果放在 C31 单元格中，如图 2-1 所示。

4. 利用 VLOOKUP 函数查找出司马一光的总分，结果放在 C32 单元格中，如图 2-1 所示。

5. 在 B35、B36 单元格中利用 MAX 和 MIN 函数计算出"总分"的最高分和最低分，并利用 INDEX 和 MATCH 函数求出总分最高分及最低分对应的学生姓名,结果分别放在 C35、C36 单元格中，如图 2-1 所示。

【操作步骤】

1. 计算学生的总分、平均分及排名。
(1)在 F2 单元格中输入公式：=SUM(B2:E2)，计算陈虹的总成绩。
(2)在 G2 单元格中输入公式：=ROUND(AVERAGE(B2:E2),1)，计算陈虹的平均分，并对平均分四舍五入，保留 1 位小数。

	A	B	C	D	E	F	G	H
1	姓名	语文	数学	政治	英语	总分	平均分	排名
2	陈虹	94	42	57	47			
3	陈丽苹	87	94	79	68			
4	程华	81	89	66	65			
5	端木一林	67	79	95	86			
6	李小明	81	76	69	79			
7	梁齐峰	87	74	49	42			
8	鲁小淮	98	57	90	71			
9	马骏	92	68	76	82			
10	毛小虎	73	86	55	54			
11	沈丹丹	64	91	71	99			
12	沈晓鸣	86	60	95	79			
13	司马一光	65	57	61	87			
14	孙国峰	81	59	71	71			
15	王芳	78	52	44	85			
16	王君	47	52	56	77			
17	王晴芳	96	47	82	88			
18	王若君	95	64	68	52			
19	王雨	86	86	56	72			
20	吴江峰	89	85	92	58			
21	许林峻	66	62	84	82			
22	杨萍	63	56	77	49			
23	姚振宇	98	85	96	92			
24	张立静	94	44	70	44			
25	张起鸣	96	36	53	85			
26	张月岳	92	93	92	53			
27	邹洁	94	71	86	45			
28	最高分							
29	最低分							
30								
31	语文成绩>=90的人数							
32	司马一光总分							
33								
34		总分	姓名					
35	最高分							
36	最低分							

图 2-1　学生成绩表原始数据

图 2-2　填充柄

(3) 在 H2 单元格中输入公式：=RANK(F2, $F$2:$F$27,0)，计算陈虹的总分排名(降序)。

说明：注意公式中单元格的不同引用方式，单元格引用方式的改变可以通过按 F4 键来快捷切换。

(4) 选中 F2:H2 单元格区域，往下拖动填充柄，将公式填充至 F3:H27 单元格区域，填充柄的位置如图 2-2 中红色圆圈所示。

2．计算各门课程的最高分和最低分。

(1) 在 B28 单元格中输入公式：=MAX(B2:B27)，计算语文成绩的最高分。

(2) 在 B29 单元格中输入公式：=MIN(B2:B27)，计算语文成绩的最低分。

(3) 选中 B28:B29 单元格区域，向右拖动填充柄，将公式填充至 C28:E29 单元格区域。

3．计算语文成绩大于等于 90 分的人数。

在 C31 单元格中输入公式：=COUNTIF(B2:B27,">=90")。

4．查找司马一光的总分。

在 C32 单元格中输入公式：=VLOOKUP("司马一光",A2:F27,6)。

5．计算总分的最高分、最低分及对应的学生姓名。

(1) 在 B35 单元格中输入公式：=MAX(F2:F27)，计算出总分的最高分。

(2) 在 B36 单元格中输入公式：=MIN(F2:F27)，计算出总分的最低分。

(3) 在 C35 单元格中输入公式：=INDEX($A$2:$A$27,MATCH(B35,$F$2:$F$27,0))，计

算出总分最高分对应的学生姓名。注意公式中各单元格的引用方式。

(4)选中 C35 单元格，拖动填充柄，将公式填充至 C36 单元格。

按上述步骤操作完成后，计算的结果如图 2-3 所示。

	A	B	C	D	E	F	G	H
1	姓名	语文	数学	政治	英语	总分	平均分	排名
2	陈虹	94	42	57	47	240	60	25
3	陈丽苹	87	94	79	68	328	82	3
4	程华	81	89	66	65	301	75.3	12
5	端木一林	67	79	95	86	327	81.8	4
6	李小明	81	76	69	79	305	76.3	11
7	梁齐峰	87	74	49	42	252	63	22
8	鲁小淮	98	57	90	71	316	79	9
9	马骏	92	68	76	82	318	79.5	8
10	毛小虎	73	86	55	54	268	67	20
11	沈丹丹	64	91	71	99	325	81.3	5
12	沈晓鸣	86	60	95	79	320	80	7
13	司马一光	65	57	61	87	270	67.5	18
14	孙国峰	81	59	71	71	282	70.5	16
15	王芳	78	52	44	85	259	64.8	21
16	王君	47	52	56	77	232	58	26
17	王晴芳	96	47	82	88	313	78.3	10
18	王若君	95	64	68	52	279	69.8	17
19	王雨	86	86	56	72	300	75	13
20	吴江峰	89	85	92	58	324	81	6
21	许林峻	66	62	84	82	294	73.5	15
22	杨萍	63	56	77	49	245	61.3	24
23	姚振宇	98	85	96	92	371	92.8	1
24	张立静	94	44	70	44	252	63	22
25	张起鸣	96	36	53	85	270	67.5	18
26	张月岳	92	93	92	53	330	82.5	2
27	邹洁	94	71	86	45	296	74	14
28	最高分	98	94	96	99			
29	最低分	47	36	44	42			
30								
31	语文成绩>=90的人数		10					
32	司马一光总分		270					
33								
34			总分	姓名				
35	最高分		371	姚振宇				
36	最低分		232	王君				

图 2-3　实验 2.1 结果图示

实验 2.2　Excel 数组公式应用实例

【实验目的】

1．掌握利用 SUM 函数或 AVERAGE 函数嵌套 IF 函数的形式，并结合数组公式实现对数据清单中的数据进行汇总统计。

2．使用算术运算符中的"*"号和"+"号实现复杂条件中的"与"运算和"或"运算。

3．结合计算思维的特点，理解数组公式的计算及应用方法。

【实验内容】

某公司的订单部分数据如图 2-4 所示。

	A	B	C	D	E	F
1	订单ID	订购日期	运货费	运货公司	订单金额	货主国家
2	10399	1996/12/31	27.36	联邦货运	1765.60	中国
3	10400	1997/1/1	83.93	联邦货运	3063.00	中国
4	10401	1997/1/1	12.51	急速快递	3868.60	中国
5	10402	1997/1/2	67.88	统一包裹	2713.50	中国
6	10403	1997/1/3	73.79	联邦货运	855.01	中国
7	10404	1997/1/3	155.97	急速快递	1591.25	美国
8	10405	1997/1/6	34.82	急速快递	400.00	中国
9	10406	1997/1/7	108.04	急速快递	1830.78	中国
10	10407	1997/1/7	91.48	统一包裹	1194.00	美国
11	10408	1997/1/8	11.26	急速快递	1622.40	日本
12	10409	1997/1/9	29.83	急速快递	319.20	日本
13	10410	1997/1/10	2.4	联邦货运	802.00	中国
14	10411	1997/1/10	23.65	联邦货运	966.80	日本
15	10412	1997/1/13	3.77	统一包裹	334.80	中国
16	10413	1997/1/14	95.66	统一包裹	2123.20	美国
17	10414	1997/1/14	21.48	联邦货运	224.83	日本
18	10415	1997/1/15	0.2	急速快递	102.40	日本
19	10416	1997/1/16	22.72	联邦货运	720.00	日本
20	10417	1997/1/16	70.29	联邦货运	11188.40	日本
21	10418	1997/1/17	17.55	急速快递	1814.80	中国
22	10419	1997/1/20	137.35	统一包裹	2097.60	美国
23	10420	1997/1/21	44.12	急速快递	1707.84	美国
24	10421	1997/1/21	99.23	急速快递	1194.27	英国
25	10422	1997/1/22	3.02	急速快递	49.80	英国
26	10423	1997/1/23	24.5	联邦货运	1020.00	英国
27	10424	1997/1/23	370.61	统一包裹	9194.56	英国
28	10425	1997/1/24	7.93	统一包裹	360.00	美国

图 2-4　订单部分数据

1．根据本工作表所提供的数据，利用 SUM 函数、IF 函数及数组公式进行数据汇总，统计不同国家各运货商所承运的订单数，结果放在 H2:K4 单元格区域中，如图 2-5 所示。

	G	H	I	J	K	L
1		订单数汇总	中国	日本	美国	英国
2		联邦货运				
3		急速快递				
4		统一包裹				
5						

图 2-5　订单数汇总

2．根据本工作表所提供的数据，利用 SUM 函数、IF 函数及数组公式进行数据汇总，统计不同国家各运货商所承运订单的运货费总额，结果放在 H8:K10 单元格区域中，如图 2-6 所示。

	G	H	I	J	K	L
6						
7		运货费汇总	中国	日本	美国	英国
8		联邦货运				
9		急速快递				
10		统一包裹				
11						

图 2-6　运货费汇总

3．根据本工作表所提供的数据，利用 AVERAGE 函数、IF 函数及数组公式进行数据汇总，统计不同国家各运货商所承运订单的平均订单金额，结果放在 H14:K16 单元格区域中，如图 2-7 所示。

图 2-7　平均订单金额

【操作步骤】

1．计算不同国家各运货商承运的订单数。

(1)在 I2 单元格中输入公式：=SUM(IF(($D$2:$D$160=$H2)*($F$2:$F$160=I$1),1))，然后按 Ctrl+Shift+Enter 组合键，使其变为数组公式，公式两端会自动加上一对大括号"{}"，如图 2-8 所示。

图 2-8　I2 单元格中的数组公式

说明：

①公式中的大括号不是输入的字符，而是通过输入公式后按 Ctrl+Shift+Enter 组合键确认自动添加上的。

②公式中 IF 函数中的条件参数中使用"*"来对前后两个条件进行了逻辑"与"运算，也就是说要求前后条件同时成立。

③公式中 IF 函数缺省了第 3 个参数，即条件不成立返回 NULL 值，也就是说当判断到条件不成立的订单行时，会返回 NULL 参与 SUM 函数的累加，而统计函数会忽略统计 NULL 值，所以不符合条件的订单就会忽略不统计。

④为了将当前公式复制给其他单元格来实现相应的统计计算，就必须正确地指定公式中的单元格引用方式。其中，$D$2:$D$160 和 $F$2:$F$160 单元格区域是固定不变的，因此应该是绝对引用，而参与条件的$H2 和 I$1 单元格分别表示行标题的货运公司和列标题中的国家。行标题代表的货运公司都在 H 列，不同行代表不同的货运公司，因此其引用方式必须采用混合引用中的绝对列引用$H2；同理，列标题代表不同国家，必须采用混合引用中的绝对行引用 I$1。

(2)选中 I2 单元格中的填充柄，向右拖动填充复制公式至 J2:L2 单元格区域，复制后如图 2-9 所示。

G	H	I	J	K	L
	订单数汇总	中国	日本	美国	英国
	联邦货运	17	18	4	8
	急速快递				
	统一包裹				

图 2-9　填充 J2:L2 单元格区域后的结果

(3)选中 I2:L2 单元格区域，向下拖动选中区域右下角的填充柄，复制公式至 I3:L4 单元格区域，复制后如图 2-10 所示。

订单数汇总	中国	日本	美国	英国
联邦货运	17	18	4	8
急速快递	19	13	5	9
统一包裹	28	21	6	11

图 2-10　填充 I3:L4 单元格区域后的结果

2．不同国家各运货商所承运订单的运货费总额。

在 I8 单元格中输入公式：=SUM(IF(($D$2:$D$160=$H8)*($F$2:$F$160=I$7),$C$2:$C$160))，然后按 Ctrl+Shift+Enter 组合键，使其变为数组公式。再参照上面订单数统计的操作步骤，将公式使用填充柄复制到其他单元格中，结果如图 2-11 所示。

运货费汇总	中国	日本	美国	英国
联邦货运	2200.28	1013.98	398.68	1072.48
急速快递	1045.79	749.86	299.35	605
统一包裹	2387	1232.23	479.99	1031.47

图 2-11　运货费总额统计的结果

3．不同国家各运货商所承运订单的平均订单金额。

在 I14 单元格中输入公式：=AVERAGE(IF(($D$2:$D$160=$H14)*($F$2:$F$160=I$13),$E$2:$E$160))，然后按 Ctrl+Shift+Enter 组合键，使其变为数组公式。再参照上面订单数统计的操作步骤，将公式使用填充柄复制到其他单元格中，结果如图 2-12 所示。

平均订单金额	中国	日本	美国	英国
联邦货运	1881.33294	1773.01611	1263.081247	2293.711249
急速快递	1332.905919	1769.033072	1114.317999	1009.961109
统一包裹	1530.00732	1387.868331	1328.416666	1960.189088

图 2-12　平均订单金额统计的结果

*实验 2.3　Excel 高级函数应用实例

【实验目的】

1．掌握 D 函数中条件区域的构造方法。

2．掌握利用 DSUM 函数、DAVERAGE 函数和 DCOUNT 函数对数据清单进行有条件的汇总统计方法。

3．利用函数思维方式，理解 D 函数对数据的统计方法。

【实验内容】

某公司的订单部分数据如图 2-13 所示。

	A	B	C	D	E	F	
1	订单ID	订购日期	运货费	运货公司	订单金额	货主国家	
2	10399	1996/12/31	27.36	联邦货运	1765.60	中国	
3	10400	1997/1/1	83.93	联邦货运	3063.00	中国	
4	10401	1997/1/1	12.51	急速快递	3868.60	中国	
5	10402	1997/1/2	67.88	统一包裹	2713.50	中国	
6	10403	1997/1/3	73.79	联邦货运	855.01	中国	
7	10404	1997/1/3	155.97	急速快递	1591.25	美国	
8	10405	1997/1/6	34.82	急速快递	400.00	中国	
9	10406	1997/1/7	108.04	急速快递	1830.78	中国	
10	10407	1997/1/7	91.48	统一包裹	1194.00	美国	
11	10408	1997/1/8	11.26	急速快递	1622.40	日本	
12	10409	1997/1/9	29.83	急速快递	319.20	日本	
13	10410	1997/1/10	2.4	联邦货运	802.00	中国	
14	10411	1997/1/10	23.65	联邦货运	966.80	日本	
15	10412	1997/1/13	3.77	统一包裹	334.80	中国	
16	10413	1997/1/14	95.66	统一包裹	2123.20	美国	
17	10414	1997/1/14	21.48	联邦货运	224.83	日本	
18	10415	1997/1/15	0.2	急速快递	102.40	日本	
19	10416	1997/1/16	22.72	联邦货运	720.00	日本	
20	10417	1997/1/16	70.29	联邦货运	11188.40	日本	
21	10418	1997/1/17	17.55	急速快递	1814.80	中国	
22	10419	1997/1/20	137.35	统一包裹	2097.60	美国	
23	10420	1997/1/21	44.12	急速快递	1707.84	美国	
24	10421	1997/1/21	99.23	急速快递	1194.27	英国	
25	10422	1997/1/22	3.02	急速快递	49.80	英国	
26	10423	1997/1/23	24.5	联邦货运	1020.00	英国	
27	10424	1997/1/23	370.61	统一包裹	9194.56	英国	
28	10425	1997/1/24	7.93	统一...	360.00	英国	

图 2-13 订单部分数据

1. 根据本工作表所提供的数据，以 H1:H2 为条件区域，利用 DSUM 函数统计联邦货运公司所承运的所有订单的总运货费，结果放在 I6 单元格中，如图 2-14 所示。

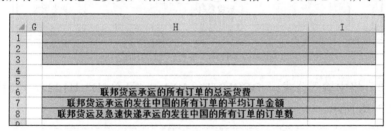

图 2-14 条件区域及统计结果存储区域

2. 根据本工作表所提供的数据，以 H1:I2 为条件区域，利用 DAVERAGE 函数统计联邦货运公司所承运的、发往中国的所有订单的平均订单金额，结果放在 I7 单元格中，如图 2-14 所示。

3. 根据本工作表所提供的数据，以 H1:I3 为条件区域，利用 DCOUNT 函数统计联邦货运及急速快递公司所承运的、发往中国的所有订单的订单数，结果放在 I8 单元格中，如图 2-14 所示。

【操作步骤】

1. 统计联邦货运公司所承运的所有订单的总运货费。

(1)在条件区域的 H1 和 H2 单元格中分别输入"运货公司"和"联邦货运"来构造条件，

其中条件区域的第(1)行为参与条件的列标签（即字段），列标签下的各行为当前列指定的条件。条件区域构造后如图 2-15 所示。

图 2-15　H1:H2 条件区域的构造

(2)在 I6 单元格中输入公式：=DSUM(A1:F160, "运货费", H1:H2)，然后按 Enter 键确认，结果如图 2-18 所示。

2．统计联邦货运公司所承运的发往中国的所有订单的平均订单金额。

(1)在条件区域 H1:I2 单元格中分别输入如图 2-16 所示的值来构造条件。

图 2-16　H1:I2 条件区域的构造

(2)在 I7 单元格中输入公式：=DAVERAGE(A1:F160, "订单金额", H1:I2)，然后按 Enter 键确认，结果如图 2-18 所示。

3．统计联邦货运及急速快递公司所承运的发往中国的所有订单的订单数。

(1)在条件区域 H1:I3 单元格中分别输入如图 2-17 所示的值来构造条件。

◢	G	H	I
1		运货公司	货主国家
2		联邦货运	中国
3		急速快递	中国

图 2-17　H1:I3 条件区域的构造

(2)在 I8 单元格中输入公式：=DCOUNT(A1:F160, "订单 ID", H1:I3)，然后按 Enter 键确认，结果如图 2-18 所示。

◢	G	H	I
6		联邦货运承运的所有订单的总运货费	4685.42
7		联邦货运承运的发往中国的所有订单的平均订单金额	1881.33294
8		联邦货运及急速快递承运的发往中国的所有订单的订单数	36

图 2-18　实验 2.3 统计结果

第 3 章　数据输入、数据透视表与信息思维

实验 3.1　数据输入与编辑

【实验目的】

1．掌握输入文本型、数值型、日期时间型数据的方法。
2．掌握修改、删除数据和格式的方法。
3．学会如何导入外部数据。
4．培养学生将现实世界的事物转换为 Excel 中各类型数据的信息思维能力。

【实验内容】

1．在"实验 3.1.xlsx"工作簿中的工作表 Sheet1 的第 4 行输入个人基本信息，学号为"007"。

2．用科学计数法在单元格 A5 中输入数值 2000。

3．在单元格 B5 中输入分数 $\frac{1}{3}$，在单元格 C5 中输入分数 $1\frac{1}{3}$。

4．修改刘晓波的基本信息，将姓名修改为"吴小波"，性别修改为"女"。

5．将 B5 和 C5 单元格中的分数数据删除，删除 B3 单元格中的格式和 D3 单元格中的批注信息。

6．将单元格 A1 到 F5 的数据移动到从单元格 I1 开始的区域。

7．将"脚本作业提交.txt"文本文件导入到从 A1 单元格开始的区域。

【操作步骤】

1．在 Excel 中打开"实验 3.1.xlsx"，然后在 A4 单元格中输入学号"007"，在 B4:F4 单元格区域中分别输入自己的姓名、性别、身高、出生日期和个人简历。

（1）在 A4 单元格中输入学号"007"时，需先输入一个西文单引号"'"，即应该在单元格中输入"'007"。

（2）在 E4 单元格中输入出生日期时，如果显示的是一个数值，则说明单元格格式设置不正确，需要在该单元格上右击，在弹出的快捷菜单上选择"设置单元格格式"命令，在"数字"选项卡里的分类栏中选择"日期"；或者如图 3-1 所示，直接在 Excel"开始"选项卡上的"数字"组中"数字格式"下拉列表中选择"日期"。

2．在 A5 单元格中输入"2E3"。

3．在 B5 单元格中输入"0□1/3"（□表示空格）；在 C5 单元格中输入"1□1/3"。

4．将刘晓波的姓名改成"吴小波"，性别改成"女"。

图 3-1 "开始"选项卡

5．删除内容和格式。

（1）将光标点移动到 B5 单元格上，然后按 Delete 键删除单元格内容。用同样的方法删除 C5 单元格里的内容。

（2）将光标移动到 B3 单元格，单击"开始"选项卡上的"编辑"组里的"清除"按钮，在下拉菜单中选择"清除格式"命令，如图 3-1 所示。

（3）将光标移动到 D3 单元格，然后单击"开始"选项卡上的"编辑"组里的"清除"按钮，在下拉菜单中选择"清除批注"命令。

6．移动数据。

（1）选中 A1:F5 单元格区域。

（2）如图 3-1 所示，单击"开始"选项卡上的"剪切"按钮，或按 Ctrl+X 快捷键。

（3）将光标移动到 I1 单元格。

（4）单击"开始"选项卡上的"粘贴"按钮，或按 Ctrl+V 快捷键。

7．导入外部文件。

（1）单击"数据"选项卡里的"自文本"按钮。

（2）选择"脚本作业提交.txt"文件。

（3）在文本导入向导的第 1 步和第 2 步中都单击"下一步"按钮。

（4）在第 3 步中将"学号"列设置为"文本"，"作业提交日期"列设置为"日期"，单击"完成"按钮。

（5）在"导入数据"对话框里设置"位置"为现有工作表的 A1 单元格。

实验 3.2　数 据 填 充

【实验目的】

1．掌握用填充来复制数据的方法。

2．掌握填充等差和等比数列的方法。

3．掌握填充序列和自定义序列的方法。

4．培养学生快速获取数据的信息思维能力。

【实验内容】

1．在"实验 3.2.xlsx"工作簿的工作表"Sheet1"中将专业名称"国际贸易"复制给所有学生。

2．填充王小鸭和闵大川的学号分别为"007"和"008"。

3．在 H1:H7 单元格区域中填充中文星期，I1:I7 单元格区域填充英文星期，J1:J7 单元格区域填充天干。

4．从 K1 单元格开始填充 101~117、公差为 4 的等差数列。

5．从 L1 单元格开始填充 100~6.25、公比为 0.5 的等比数列。

6．从 M1:M5 单元格区域填充起始数值为 15、公比是 2 的等比数列。

7．用学生姓名建立自定义序列，并从 N1 单元格开始进行填充。

【操作步骤】

1．在 Excel 中打开"实验 3.2.xlsx"，将光标移动到 F2 单元格，然后将光标指向 F2 单元格右下角的填充柄(黑色小方块)。当光标变成黑色十字时按住鼠标向下拖动，或者当光标变成黑色十字时双击也可以自动填充。

2．选中 A2:A3 单元格区域，然后拖动填充柄向下填充，或双击填充柄进行填充。

3．选中 H1 单元格向下填充。同样，选中 I1 和 J1 单元格向下填充。

4．将光标移动到 K1 单元格，单击"开始"选项卡"编辑"组中的"填充"按钮，在下拉菜单中选中"系列"命令。在出现的如图 3-2 所示的"序列"对话框中选择"序列产生在"为"列"，"类型"为"等差序列"，"步长值"为 4，"终止值"为 117，然后单击"确定"按钮。

5．和上题类似，将光标移动到 L1 单元格，在"序列"对话框中选择"序列产生在"为"列"，"类型"为"等比序列"，"步长值"为 0.5，"终止值"为 6.25，然后单击"确定"按钮。

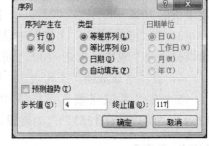

图 3-2　"序列"对话框

6．选中 M1:M5 单元格区域，在"序列"对话框中选择"序列产生在"为"列"，"类型"为"等比序列"，"步长值"为 2，然后单击"确定"按钮。

7．在"文件"选项卡上选择"选项"命令，然后在"Excel 选项"对话框中选择左侧"高级"，选择右侧"常规"区内的"自定义序列"。在"从单元格中导入序列"框内选择 B2:B5，单击"导入"按钮，单击"确定"按钮完成新序列的定义，如图 3-3 所示。选中 N1 单元格，然后向下进行填充。

图 3-3　自定义序列

实验 3.3　数 据 验 证

【实验目的】

1．掌握设置数据验证的方法。
2．掌握设置数据验证信息提示和错误提示的方法。
3．掌握圈释无效数据的方法。
4．掌握设置输入列表的方法。
5．培养学生验证数据的信息思维能力。

【实验内容】

1．在"实验 3.3.xlsx"工作簿的"工资单"工作表中设置公积金的验证规则：公积金的缴纳应为应发工资的 10%～40%。

2．设置公积金单元格，使光标指向该单元格时出现提示信息："公积金的缴纳应为应发工资的 10%～40%。"

3．在"学生作业"工作表中设置成绩的验证规则为：成绩必须在 0～100 之间，并设置错误提示为"成绩应在 0～100 之间。"

4．在"考试成绩"工作表中，在所有不及格的学生的成绩上画圈。

5．在"考试成绩"工作表中设置班级信息只能在"游戏设计 1251""游戏设计 1252""游戏设计 1253""动漫设计 1251"中选择。

【操作步骤】

1．在 Excel 中打开"实验 3.3.xlsx"，选择"工资单"工作表，将光标移动到"公积金"B33 单元格，单击"数据"选项卡上的"数据工具"组中的"数据验证"按钮。在出现的如图 3-4 所示"数据验证"对话框中选中验证条件为允许"自定义"，自定义公式为"=AND（B33<= B30*40%，B33>=B30*10%)"。然后在 B33 中分别输入"500""1000""5000"，观察效果。

图 3-4　设置数据验证

2．选中 B33 单元格，在"数据验证"对话框的"输入信息"选项卡上的"标题"栏中输入"公积金提示"，"输入信息"栏中输入"公积金的缴纳应为应发工资的 10%～40%。"，然后单击"确定"按钮。

3．在"学生作业"工作表中，选中 D2:D13 单元格区域。如图 3-5 所示，在"数据验证"对话框的"设置"选项卡中设置允许"整数"，数据"介于"最小值"0"和最大值"100"之间，并在"出错警告"选项卡上设置标题为"成绩输入范围"，错误信息为"成绩应在 0～100 之间。"。

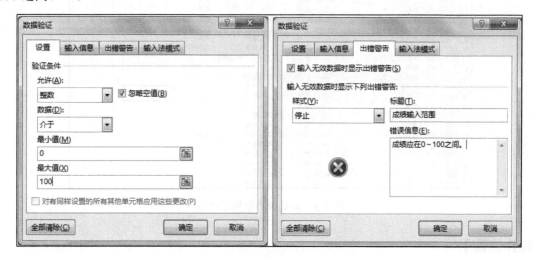

图 3-5　学生作业数据验证和出错警告

(1)样式为"停止"，然后单击"确定"按钮。修改某学生成绩为 150，观察效果。
(2)样式为"警告"，然后单击"确定"按钮。修改某学生成绩为 150，观察效果。
(3)样式为"信息"，然后单击"确定"按钮。修改某学生成绩为 150，观察效果。

4．在"考试成绩"工作表中，将 D2:D13 单元格区域的验证规则设置为"大于等于60"。单击"数据"选项卡上的"数据工具"组中的"数据验证"按钮的下拉箭头，在出现的选项中选择"圈释无效数据"命令。如果需要去除标识圈，可再选择"清除无效数据标识圈"命令。

5．在"考试成绩"工作表中，将 A2:A13 单元格区域中的班级名称删除，然后选中 A2:A13 单元格区域，在"数据验证"对话框的"设置"选项卡上的"允许"框中选择"序列"，再在"来源"框中输入"游戏设计 1251,游戏设计 1252,游戏设计 1253,动漫设计 1251"，选项之间用西文的逗号(,)隔开。然后为学生输入班级名称。

实验 3.4　数据透视表(一)

【实验目的】

1．掌握利用本地数据源建立数据透视表的方法。
2．了解字段列表的布局和作用。
3．熟悉建立数据透视表的各种工具。
4．培养学生利用数据透视表加工数据的信息思维能力。

【实验内容】

利用"实验 3.4.xlsx"工作簿的工作表 Sheet1 中的学生信息，在工作表中建立如图 3-6 所示的统计各地区有多少党员、团员和群众的数据透视表。

图 3-6   数据源和数据透视表

【操作步骤】

1．将光标移动到数据清单中，如 A2 单元格中。

2．选择"插入"选项卡上的"表格"组中的"数据透视表"命令，如图 3-7 所示。

3．在如图 3-8 所示的"创建数据透视表"对话框中的"表/区域"文本框中输入数据源的范围，如 A1:F23。如果原来光标就是处在数据源区域内，则在该文本框中会自动输入数据源的范围。

图 3-7   插入数据透视表   图 3-8   "创建数据透视表"对话框

4．在如图 3-8 所示的"创建数据透视表"对话框中选择"现有工作表"，在"位置"框中输入"I1"。

5．单击"确定"按钮，出现一个空的数据透视表和如图 3-9 所示的"数据透视表字段"对话框。然后将"籍贯"字段拖动到"行"中，将"政治面貌"字段拖动到"列"中，再将"学号"字段拖动到"值"中，如图 3-6 所示的数据透视表就创建好了。

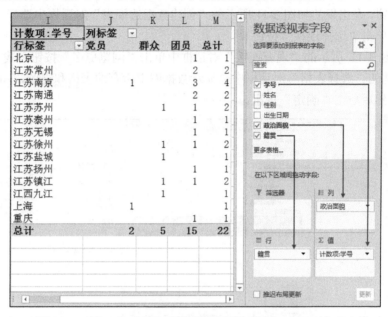

图 3-9　设计数据透视表

实验 3.5　数据透视表(二)

【实验目的】

1．掌握利用外部数据源创建数据透视表的方法。

2．掌握分组的方法。

3．掌握筛选的方法。

4．掌握值汇总的各种方式。

5．掌握值显示的各种方式。

6．培养学生利用数据透视表加工数据的信息思维能力。

【实验内容】

以 Northwind 数据库中的查询"发货单"为数据源，在不导入数据的情况下，生成如图 3-10 所示的数据透视表。

1．可按年和季度(来自"订购日期"字段)进行筛选。

2．只显示热销产品(按全部年份合计，订单数>=50)和滞销产品(按全部年份合计，订单数<10)的订单数量和占全部数量的百分比。

3．不显示含行、列的总计。

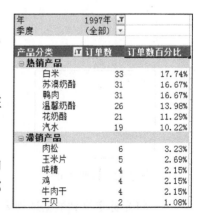

图 3-10　数据透视表

【操作步骤】

1. 在 Excel 中打开"实验 3.5.xlsx"，然后单击"插入"选项卡上的"表格"组中的"数据透视表"按钮，在出现的如图 3-11 所示的"创建数据透视表"对话框中选择"使用外部数据源"，然后单击"选择连接"按钮。

2. 在如图 3-11 所示的"现有连接"对话框中单击"浏览更多"按钮，找到 Northwind 数据库。在出现的"选择表格"对话框中会显示数据库中所有的表格和视图，在其中选择"发货单"视图，然后单击"确定"按钮。

图 3-11　从外部数据源获取数据

3. 在"字段列表"对话框中，将"订购日期"字段拖动到"行标签"。行标签里面会自动分为"年""季度"和"订购日期" 3 项，如图 3-12 所示。用鼠标将"季度"拖出行标签删除。行标签里剩下"年"和"订购日期"两项，用鼠标依次将它们拖动到"筛选器"中。

4. 将"产品名称"字段拖动到行标签，"订单 ID"字段拖动到数值区域。单击数值区域中的"求和项：订单 ID"右侧的黑色小三角，在弹出的菜单中选择"值字段设置"。然后在"值字段设置"对话框中的"值汇总方式"列表中选择"计数"，如图 3-13 所示。

图 3-12　日期分组　　　　　　　　　　　　　图 3-13　值汇总方式

5. 将光标定位到数据透视表中的第 2 列，即"计数项：订单 ID"列中的数据上，单击"数据"选项卡内"排序和筛选"组中的"降序"按钮，产品名称自动按订单数降序排列。

6. 如图 3-14 所示，选择订单数>=10 并且订单数<50 的所有产品(即从山楂片到矿泉水)，在选中区域右击，在弹出的快捷菜单中选择"筛选"中的"隐藏所选项目"命令。这时只剩下了订单数>=50 和订单数<10 的产品名称。

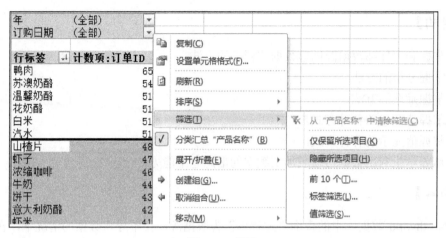

图 3-14 筛选

7. 选中订单数>=50 的产品名称(即从鸭肉到汽水)，右击，在弹出的快捷菜单中选择"创建组"命令；然后按 Ctrl 键或 Shift 键选择剩下的产品名称，再创建一个分组。

8. 在如图 3-15 所示的分好组的数据透视表中，单击"数据组 1"，在公式栏中将其改成"热销产品"；同样，将"数据组 2"改名为"滞销产品"。

9. 再一次将"字段列表"中的"订单 ID"字段拖动到"数值"区域，并将"值汇总方式"改为"计数"。然后在如图 3-16 所示的"值显示方式"列表中选择"总计的百分比"。

图 3-15 分组

图 3-16 值显示方式

10. 在数据透视表中单击，在"数据透视表工具"中的"设计"选项卡内的"布局"组中，单击"总计"，选择"对行和列禁用"。

11. 对照图 3-10，修改数据透视表内的一些标签内容，如将"计数项:订单 ID"修改为"订单数"。

12. 将"年"设置为"1997 年"。

实验 3.6　数据透视表（三）

【实验目的】

1. 掌握利用外部数据源创建数据透视表的方法。
2. 掌握分组的方法。
3. 掌握筛选的方法。
4. 掌握值汇总的各种方式。
5. 掌握值显示的各种方式。
6. 培养学生利用数据透视表加工数据的信息思维能力。

【实验内容】

以 Northwind 数据库中的查询"发货单"为数据源，在不导入数据的情况下，在工作表中生成如图 3-17 所示的数据透视表。

1. 可统计显示员工（来自"销售人"字段）在各地区（来自"货主地区"字段）各年份（来自"订购日期"字段）的订单数量（来自"订单 ID"字段）占同列的百分比。其中按全部年份统计，金牌销售员的销售总额（来自"总价"字段）（>=200000），优秀销售员的销售总额（>=100000 并且销售总额< 200000），普通销售员的销售总额（<100000）。
2. 含行总计，不含列总计。

计数项:订单ID	地区							
销售员分类	东北	华北	华东	华南	华中	西北	西南	总计
⊟优秀销售员								
1996年	15.73%	5.62%	8.97%	8.73%	40.00%	0.00%	13.36%	8.53%
1997年	23.03%	25.77%	21.10%	12.23%	0.00%	0.00%	20.74%	22.02%
1998年	14.61%	14.98%	13.12%	37.12%	0.00%	55.56%	14.29%	17.01%
⊟金牌销售员								
1996年	8.99%	7.38%	7.97%	2.18%	0.00%	0.00%	1.84%	6.49%
1997年	21.35%	19.27%	17.94%	6.11%	0.00%	0.00%	29.49%	18.50%
1998年	7.30%	8.70%	9.63%	16.59%	0.00%	27.78%	2.76%	9.23%
⊟普通销售员								
1996年	3.37%	3.74%	2.99%	3.49%	60.00%	0.00%	5.53%	3.76%
1997年	5.06%	7.82%	12.96%	5.24%	0.00%	0.00%	6.91%	8.58%
1998年	0.56%	6.72%	5.32%	8.30%	0.00%	16.67%	5.07%	5.89%

图 3-17　实验 3.6 结果图示

【操作步骤】

1. 在 Excel 中打开"实验 3.6.xlsx"，然后以 Northwind 数据库为数据源创建数据透视表（具体参见实验 3.5 操作步骤 1 和步骤 2）。
2. 在"数据透视表字段列表"对话框中，将"订购日期"字段拖动到行标签。数据透视表行标签内出现中会出现"年""季度"和"订购日期"3 项，用鼠标将行标签中的"年"拖动到"筛选器"中，并将标签改为"年份"，其余两项删除。
3. 将"销售人"字段拖动到行标签中，再将"总价"字段拖动到数值区域，然后在数据透视表中对总价进行排序。
4. 在数据透视表中选中总价合计小于 100000 的销售员，然后进行分组，同时将标签改为"普通销售员"。同样将总价合计大于 200000 的销售员分组成"金牌销售员",将总价合计在 100000~200000 的分组成"优秀销售员"(具体分组方式参见实验 3.5 操作步骤 7)。

5. 行标签里有"销售人"字段和新字段"销售人 2"字段。将"销售人"字段拖出删除。分组结果如图 3-18 所示。

图 3-18　按总价分组

6. 将"求和项:总价"从数值区域拖出,因为在这个实验里显示的是订单数量而不是总价,前面使用"总价"字段是为了分组。将"订单 ID"字段拖入数值区域,再将"货主地区"拖入列标签。

7. 在数值区域,将"值汇总方式"改为计数(具体参见实验 3.5 操作步骤 4),将"值显示方式"设置为"列汇总的百分比"(具体参见实验 3.5 操作步骤 9)。

8. 将光标放到数据透视表中,在"数据透视表工具"的"设计"选项卡上的"布局"组中单击"总计"按钮,选择"仅对行启用"命令。

9. 将"年份"字段从报表筛选拖动到行标签,如图 3-19 所示。

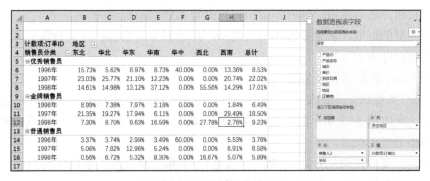

图 3-19　重新放置年份字段

10. 对照图 3-17,修改数据透视表内的一些标签内容。

*实验 3.7　从网站导入数据和切片器的使用

【实验目的】

1. 掌握从网站导入数据的方法。
2. 掌握切片器的使用方法。
3. 培养学生获取数据和筛选数据的信息思维能力。

【实验内容】

从网易财经频道导入"比亚迪"股票的成交明细，在工作表中生成如图 3-20 所示的数据透视表和切片器。

1. 按时间（分钟）和买卖性质来统计成交金额和总金额。
2. 利用切片器筛选只显示 500 手以上的成交情况。

注意：由于网址上的数据是动态的，所以每人做的结果可能和实验指导书的不一致。

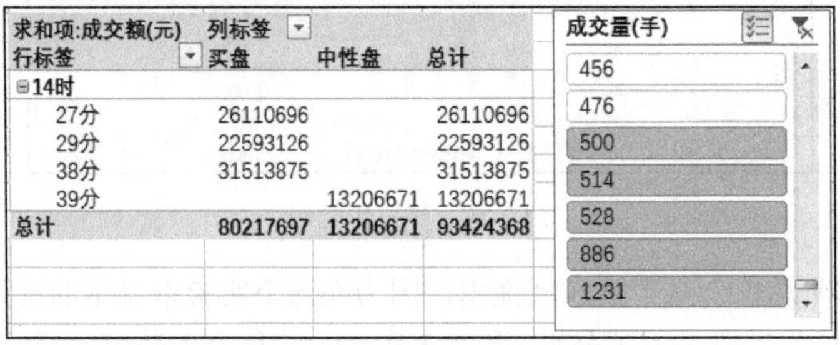

求和项:成交额(元)	列标签 ▼		
行标签 ▼	买盘	中性盘	总计
⊟14时			
27分	26110696		26110696
29分	22593126		22593126
38分	31513875		31513875
39分		13206671	13206671
总计	80217697	13206671	93424368

成交量(手)
456
476
500
514
528
886
1231

图 3-20　实验 3.7 结果图示

【操作步骤】

1. 新建一个空的 Excel 工作簿，单击"数据"选项卡中"获取外部数据"组中的"自网站"按钮，如图 3-21 所示，在弹出的"新建 Web 查询"对话框的地址栏内输入网址："http://hao.360.com/?a1004"，然后单击"转到"按钮，等待网页刷新完毕后，单击成交明细区域的➡按钮，然后单击"导入"按钮将数据导入到 Excel。

在打开网页的时候，如果报脚本错误提示，那是因为浏览器和网页的脚本语言不兼容，单击"是"按钮即可。

导入到 Excel 的数据如图 3-22 所示。

2. 先选中数据区域中的某个单元格，然后单击"插入"选项卡的表格组中的"数据透视表"按钮，在如图 3-22 所示的"创建数据透视表"对话框中，根据实验情况，输入表的区域和存放数据透视的位置。

将"时间"字段拖动到行，"性质"字段拖动到列，"成交额"字段拖动到值，如图 3-23 所示。将行内的时间项拖出删除，即可得到想要的数据透视表。

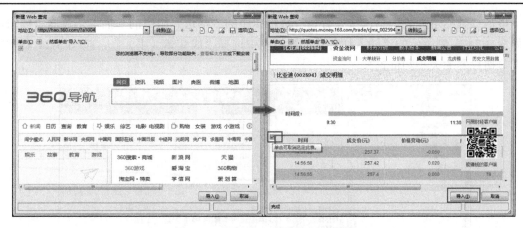

图 3-21　"新建 Web 查询"对话框

时间	成交价(元)	价格变动(元)	成交量(手)	成交额(元)	性质
14:57:00	257.37	-0.05	135	3,474,869	卖盘
14:56:58	257.42	0.02	99	2,548,427	中性盘
14:56:55	257.4	0	78	2,007,758	卖盘
14:56:51	257.4	0.02	88	2,265,080	买盘
14:56:48	257.38	0.05	63	1,621,483	买盘
14:56:45	257.33	-0.04	283	7,283,541	卖盘
14:56:42	257.37		82	2,110,548	买盘
14:56:39	257.37		80	2,059,015	买盘
14:56:36	257.33	-0.04	126	3,242,472	卖盘
14:56:33	257.37	0.04	120	3,088,243	买盘
14:56:30	257.33	0.03	69	1,775,586	中性盘
14:56:27	257.3	-0.02	103	2,650,276	卖盘
14:56:24	257.32	0.04	158	4,065,437	买盘
14:56:20	257.28	0.02	78	2,006,868	买盘
14:56:17	257.26	-0.02	103	2,650,081	卖盘
14:56:14	257.3	0.02	60	1,543,706	买盘
14:56:11	257.28	-0.02	86	2,212,579	卖盘
14:56:08	257.3	0	92	2,366,974	买盘
14:56:05	257.3	0.09	96	2,469,493	买盘
14:55:58	257.21	0.13	103	2,647,642	买盘
14:55:55	257.08	-0.12	29	745,641	卖盘

导入的数据

创建数据透视表

请选择要分析的数据
◉ 选择一个表或区域(S)
　表/区域(T)：Sheet1!$H$3:$M$1003
○ 使用外部数据源(U)
　　选择连接(C)...
　　连接名称：
○ 使用此工作簿的数据模型(D)

选择放置数据透视表的位置
○ 新工作表(N)
◉ 现有工作表(E)
　位置(L)：Sheet1!$N$4

选择是否想要分析多个表
☐ 将此数据添加到数据模型(M)

确定　　取消

图 3-22　创建数据透视表

求和项:成交额(元)	列标签			
行标签	买盘	卖盘	中性盘	总计
□14时				
4分	4145469	4600232	1011044	9756745
5分	8062026	8416647	910375	17389048
6分	3564493	3994582	1137767	8696842
7分	10681863	8043593	2731865	21457321
8分	8047856	5825097	1545064	15418017
9分	2936271	5650133	1291269	9877673
10分	16450682	3647056	2150699	22248437
11分	13824046	5150778	4513621	23488445
12分	7662704	4870470	862101	13395275
13分	6332170	3420172	2254774	12007116
14分	11625670	3317725	2938783	17882178
15分	4863453	6966878	1064058	12894389
16分	11475215	3724565	2786544	17986324
17分	5721627	18982274	709249	25413150
18分	4982402	7487244	1416396	13886042
19分	9255296	8167690		17422986
20分	6924671	26200280	1870469	34995420
21分	14419260	9351121	2653116	26423497
22分	15771688	6525099	4630818	26927605
23分	8590009	2230186		10820195
24分	6235464	10722205		16957669

数据透视表字段

选择要添加到报表的字段：

搜索

☐ 时间
☐ 成交价(元)
☐ 价格变动(元)
☐ 成交量(手)
☑ 成交额(元)
☑ 性质

在以下区域间拖动字段：

▽ 筛选器

▦ 列
性质

▦ 行
小时
分

Σ 值
求和项:成交额(元)

图 3-23　设计数据透视表

单击"数据透视表工具"中"分析"选项卡中的"筛选"组中的"插入切片器"按钮，在如图 3-24 左侧所示的"插入切片器"对话框中选择"成交量（手）"，按图 3-24 右侧所示调节切片器的大小和位置。

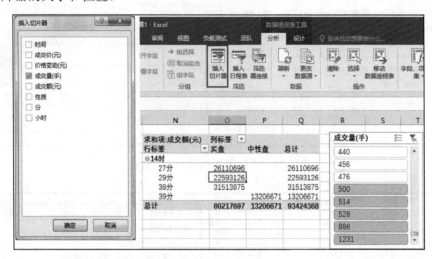

图 3-24　插入切片器

切片器设计好后，选择所有大于 500 手的成交情况，可以在数据透视表中发现，都是出现在 14 时 27 分之后，而且以买盘为主。

第4章　数据管理与数据分析思维

实验 4.1　数据清单与排序

【实验目的】

1．理解数据清单的概念。
2．掌握设置或取消表格样式的方法。
3．熟练掌握各种关键字的排序方法。
4．对比分析各种排序方法，提高算法思维和数据对比分析思维能力。

【实验内容】

1．设置与清除表格样式。
（1）设置"实验 4.1 数据清单与排序"工作表中数据清单 A1:I22 单元格区域的样式为"表样式浅色 20"。
（2）清除数据清单 A1:I22 单元格区域的表格样式。
（3）将表格转换为普通单元格区域。
2．对数据清单 A1:I22 单元格区域进行排序。
（1）主要关键字为"班级"，排序次序为自定义序列"一班, 二班, 三班"。
（2）次要关键字为"性别"，降序次序。
（3）第三关键字为"姓名"，升序次序。

【操作步骤】

1．设置与清除表格样式。
（1）在"实验 4.1 数据清单与排序"工作表中，将光标定位于数据清单 A1:I22 单元格区域中，在"开始"选项卡中单击"样式"组的"套用表格格式"按钮，在弹出的列表中单击"浅色"组的"表样式浅色 20"项，如图 4-1 所示。在"套用表格式"对话框中单击"确定"按钮，如图 4-2 所示。系统自动在"表格工具"下方显示"设计"选项卡。数据清单转换为带有样式的表格，如图 4-3 所示。
（2）选择表格中的任一单元格，单击"设计"选项卡中"表格样式"组右侧的"其他"按钮，在表格样式列表中单击"清除"命令，如图 4-4 所示。清除样式后的表格如图 4-5 所示。

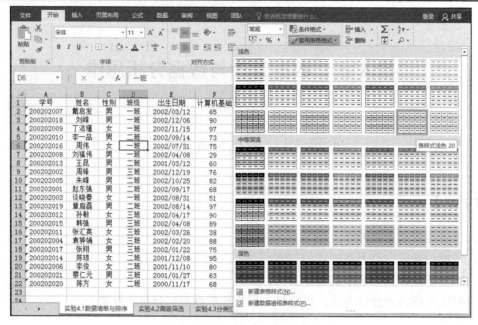

图 4-1　套用表格样式

图 4-2　"套用表格式"对话框

学号	姓名	性别	班级	出生日期	计算机基础	高等数学	大学英语	哲学
200202007	戴启发	男	一班	2002/03/12	65	82	64	67
200202018	刘峰	男	一班	2002/12/06	90	36	90	63
200202009	丁洁瑾	女	一班	2002/11/15	97	51	82	45
200202010	李一品	男	二班	2002/09/14	73	80	73	70
200202016	周伟	女	一班	2002/07/31	75	84	82	67
200202008	刘福伟	男	一班	2002/04/08	29	54	69	69
200202013	王昆	男	二班	2001/03/12	60	52	63	84
200202002	周锋	男	三班	2002/12/19	76	72	96	60
200202005	朱峰	男	二班	2002/10/25	82	61	88	75
200202001	赵东强	男	二班	2002/09/17	68	88	64	44
200202003	谈晓春	女	一班	2002/08/31	51	86	89	97
200202019	章庭磊	男	二班	2002/08/14	97	61	81	63
200202012	孙敏	女	三班	2002/04/17	90	85	78	85
200202015	韩强	男	三班	2002/04/08	89	53	87	81
200202011	张汇英	女	三班	2002/03/26	38	80	74	77
200202004	袁骅娟	女	三班	2002/02/20	88	92	39	61
200202017	张翔	男	三班	2002/01/22	75	33	76	78
200202014	陈琼	女	二班	2001/12/08	95	86	66	77
200202006	李俊	女	二班	2001/11/10	80	62	92	99
200202021	蔡仁元	男	三班	2001/01/27	63	93	91	88
200202020	陈方	女	二班	2000/11/17	68	75	77	55

图 4-3　带有样式的表格

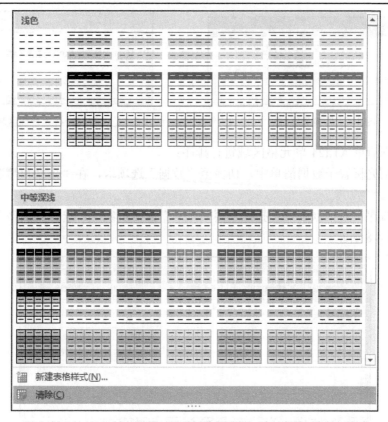

图 4-4　清除表格样式

	A	B	C	D	E	F	G	H	I
1	学号	姓名	性别	班级	出生日期	计算机基础	高等数学	大学英语	哲学
2	200202007	戴启发	男	一班	2002/03/12	65	82	64	67
3	200202018	刘峰	男	一班	2002/12/06	90	36	90	63
4	200202009	丁洁瑾	女	一班	2002/11/15	97	51	82	45
5	200202010	李一品	男	二班	2002/09/14	73	80	73	70
6	200202016	周伟	女	一班	2002/07/31	75	84	82	67
7	200202008	刘福伟	男	一班	2002/04/08	29	54	69	69
8	200202013	王昆	男	二班	2001/03/12	60	52	63	84
9	200202002	周锋	男	三班	2002/12/19	76	72	96	60
10	200202005	朱峰	男	二班	2002/10/25	82	61	88	75
11	200202001	赵东强	男	二班	2002/09/17	68	88	64	44
12	200202003	谈晓春	女	一班	2002/08/31	51	86	89	97
13	200202019	章庭磊	男	二班	2002/08/14	97	61	81	63
14	200202012	孙敏	女	三班	2002/04/17	90	85	78	85
15	200202015	韩强	男	三班	2002/04/08	89	53	87	81
16	200202011	张汇英	女	三班	2002/03/26	38	80	74	77
17	200202004	袁骅娟	女	三班	2002/02/20	88	92	39	61
18	200202017	张翔	女	三班	2002/01/22	75	33	76	78
19	200202014	陈琼	女	二班	2001/12/08	95	86	66	77
20	200202006	李俊	女	二班	2001/11/10	80	62	92	99
21	200202021	蔡仁元	男	三班	2001/01/27	63	93	91	88
22	200202020	陈方	女	二班	2000/11/17	68	75	77	55

实验4.1数据清单与排序　实验4.2高级筛选　实验4.3分类汇总　实验4.4模拟运算表

图 4-5　清除样式后的表格

(3)选中表格中的任一单元格，单击"设计"选项卡"工具"组中的"转换为区域"按钮，如图 4-6 所示。在提示信息框中单击"是"按钮，如图 4-7 所示。表格转换为普通单元格区域，成为原先的数据清单。

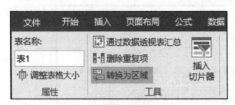

图 4-6　转换为区域　　　　　　　　　　　图 4-7　是否将表转换为普通区域信息框

2．对数据清单 A1:I24 单元格区域进行排序。

（1）将当前光标置于数据清单中，切换至"数据"选项卡，在"排序和筛选"组中单击"排序"按钮。

（2）在"排序"对话框中，选择"主要关键字"为"班级"，选择"次序"为"自定义序列"，如图 4-8 所示。

图 4-8　"排序"对话框

（3）在"自定义序列"对话框中，在"输入序列"列表框中依次输入"一班""二班""三班"，按 Enter 键换行，单击"添加"按钮，结果如图 4-9 所示。

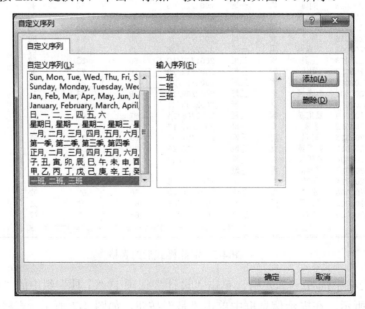

图 4-9　"自定义序列"对话框

（4）单击"自定义序列"对话框中的"确定"按钮，在"排序"对话框中单击"添加条件"按钮，"次要关键字"选择"性别"，"次序"选择"降序"。

（5）再次单击"添加条件"按钮，"次要关键字"选择"姓名"，"次序"为"升序"，如图 4-10 所示。单击"确定"按钮，排序结果如图 4-11 所示。

图 4-10　多关键字排序

	A	B	C	D	E	F	G	H	I
1	学号	姓名	性别	班级	出生日期	计算机基础	高等数学	大学英语	哲学
2	200202009	丁洁瑾	女	一班	2002/11/15	97	51	82	45
3	200202003	谈晓春	女	一班	2002/08/31	51	86	89	97
4	200202016	周伟	女	一班	2002/07/31	75	84	82	67
5	200202007	戴启发	男	一班	2002/03/12	65	82	64	67
6	200202018	刘峰	男	一班	2002/12/06	90	36	90	63
7	200202008	刘福伟	男	一班	2002/04/08	29	54	69	69
8	200202020	陈方	女	二班	2000/11/17	68	75	77	55
9	200202014	陈琼	女	二班	2001/12/08	95	86	66	77
10	200202006	李俊	女	二班	2001/11/10	80	62	92	99
11	200202010	李一品	男	二班	2002/09/14	73	80	73	70
12	200202013	王昆	男	二班	2001/03/12	60	52	63	84
13	200202019	章庭磊	男	二班	2002/08/14	97	61	81	63
14	200202001	赵东强	男	二班	2002/09/17	68	88	64	44
15	200202005	朱峰	男	二班	2002/10/25	82	61	88	75
16	200202012	孙敏	女	三班	2002/04/17	90	85	78	85
17	200202004	袁骅娟	女	三班	2002/02/20	88	92	39	61
18	200202011	张汇英	女	三班	2002/03/26	38	80	74	77
19	200202021	蔡仁元	男	三班	2001/01/27	63	93	91	88
20	200202015	韩强	男	三班	2002/04/08	89	53	87	81
21	200202017	张翔	男	三班	2002/01/22	75	33	76	78
22	200202002	周锋	男	三班	2002/12/19	76	72	96	60

实验4.1数据清单与排序　　实验4.2高级筛选　　实验4.3分类汇总　　实验4.4模拟运算表　…⊕

图 4-11　排序结果

实验 4.2　高 级 筛 选

【实验目的】

1．学会筛选条件的设计方法。

2．掌握高级筛选的操作方法。

3．学习筛选条件的设置方法，能够举一反三，灵活应用，培养数据筛选分析思维能力。

【实验内容】

1．设计筛选条件。

在"实验 4.2 高级筛选"工作表的条件区域 A40:D42 中设置条件，从数据清单 A1:G37 单元格区域中筛选出"城北"销售部全年所售"电冰箱"单价大于等于 3000 的记录，以及"城南"销售部第 3 季度销售"电冰箱"的记录。

2．执行高级筛选，保存筛选结果。

将筛选结果保存在以 A45 单元格开始的单元格区域。

【操作步骤】

1．设计筛选条件。

在"实验 4.2 高级筛选"工作表的 A40:D42 单元格区域中设置筛选条件，对应条件表达式：(销售部="城北"　and　产品="电冰箱"　and　单价>=3000)or（销售部="城南"　and 季度=3 and 产品="电冰箱")，如图 4-12 所示。

2．执行高级筛选，保存筛选结果。

（1）将光标置于数据清单 A1:G37 单元格区域中，单击"数据"选项卡，在"排序和筛选"组中单击"高级"按钮。

（2）在"高级筛选"对话框中，单击"方式"中的"将筛选结果复制到其他位置"单选按钮，"列表区域"默认为当前单元格所在的数据清单区域"$A$1:$G$37"，单击"条件区域"右侧的文本框，使用鼠标选中条件区域 A40:D42，在"复制到"右侧的文本框中输入保存筛选结果的单元格起始地址"A45"，如图 4-13 所示。单击"确定"按钮，筛选结果如图 4-14 所示。

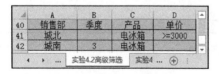

图 4-12　设置筛选条件　　　　　　　　图 4-13　"高级筛选"对话框

	A	B	C	D	E	F	G
45	销售部	季度	产品	单价	数量	销售额	销售排名
46	城北	2	电冰箱	3600	87	313200	4
47	城南	3	电冰箱	3590	58	208220	12
48	城北	4	电冰箱	3620	48	173760	18
49							

实验4.2高级筛选　　实验4.3分类汇总　　实验4.4模拟运算表　　实验4 …

图 4-14　高级筛选出的记录

实验 4.3 分 类 汇 总

【实验目的】

1．了解分类汇总的原理，理解分类汇总前排序的必要性。
2．熟悉分类汇总的操作过程。
3．掌握复制分类汇总结果以及整理汇总结果的方法。
4．明确分类汇总的结果与数据清单之间的关系，训练数据分类分析思维能力。

【实验内容】

1．创建分类汇总。

对"实验 4.3 分类汇总"工作表中的数据清单 A1:G36 单元格区域按照"产品类别"进行分类汇总，汇总方式为"平均值"，汇总项为"售价"和"利润"，汇总结果显示在数据下方。

2．复制分类汇总的结果。

将汇总结果中的"产品类别""平均售价""平均利润"数据复制到以 A50 开始的单元格区域。

【操作步骤】

1．创建分类汇总。

(1) 按分类字段排序。

在"实验 4.3 分类汇总"工作表中，将光标置于数据清单 A1:G36 单元格区域中的"产品类别"列(A 列)，单击"数据"选项卡"排序和筛选"组中的"降序"按钮(也可以单击"升序"按钮)。

(2) 按分类字段汇总。

数据清单按照"产品类别"进行排序后，单击"数据"选项卡"分级显示"组中的"分类汇总"按钮。在如图 4-15 所示的"分类汇总"对话框中，"分类字段"选择"产品类别"，"汇总方式"选择"平均值"，在"选定汇总项"列表框中选中"售价"和"利润"复选框。单击"确定"按钮，分类汇总结果如图 4-16 所示。

2．复制分类汇总的结果。

(1) 单击左上角的级别按钮"2"，将分类汇总的结果折叠到第 2 层，如图 4-17 所示。

(2) 选中 A1:G43 单元格区域，按 Alt+";"快捷键，以选择其中的可见单元格。

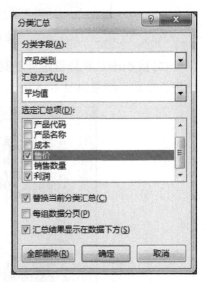

图 4-15 "分类汇总"对话框

1 2 3		A	B	C	D	E	F	G
	1	产品类别	产品代码	产品名称	成本	售价	销售数量	利润
	2	饮料	NWTB-43	柳橙汁	10.00	30.00	25	500
	3	饮料	NWTB-81	绿茶	4.00	20.00	100	1600
	4	饮料	NWTB-1	苹果汁	5.00	30.00	10	250
	5	饮料	NWTB-87	茶	15.00	100.00	20	1700
	6	饮料	NWTB-34	啤酒	10.00	30.00	15	300
	7	饮料 平均值				42.00		870
	8	调味品	NWTS-8	胡椒粉	15.00	35.00	10	200
	9	调味品	NWTO-5	麻油	12.00	40.00	10	280
	10	调味品	NWTS-65	海苔酱	8.00	30.00	10	220
	11	调味品	NWTCO-4	盐	3.00	5.00	10	20
	12	调味品	NWTCO-77	辣椒粉	3.00	18.00	15	225
	13	调味品	NWTS-66	肉松	20.00	35.00	20	300
	14	调味品	NWTCO-3	蕃茄酱	14.00	20.00	25	300
	15	调味品 平均值				26.14		199.2857
	16	水果和蔬菜罐头	NWTCFV-92	绿豆	0.50	3.00	10	25
	17	水果和蔬菜罐头	NWTCFV-91	樱桃饼	1.00	5.00	10	40
	18	水果和蔬菜罐头	NWTCFV-17	猪肉	2.00	9.00	10	70
	19	水果和蔬菜罐头	NWTCFV-93	玉米	0.50	4.00	10	35
	20	水果和蔬菜罐头	NWTCFV-90	菠萝	1.00	5.00	10	40
	21	水果和蔬菜罐头	NWTCFV-88	梨	1.00	5.00	10	40
	22	水果和蔬菜罐头	NWTCFV-94	豌豆	0.50	4.00	10	35
	23	水果和蔬菜罐头	NWTCFV-89	桃	1.00	5.00	10	40
	24	水果和蔬菜罐头 平均值				5.00		40.625
	25	肉罐头	NWTCM-96	熏鲑鱼	1.50	6.00	30	135
	26	肉罐头	NWTCM-95	金枪鱼	0.50	3.00	30	75
	27	肉罐头	NWTCM-40	虾米	8.00	35.00	30	810
	28	肉罐头 平均值				14.67		340
	29	谷类	NWTC-82	辣谷物	1.00	5.00	50	200

图 4-16　产品表按"产品类别"分类汇总

1 2 3		A	B	C	D	E	F	G
	1	产品类别	产品代码	产品名称	成本	售价	销售数量	利润
	7	饮料 平均值				42.00		870
	15	调味品 平均值				26.14		199.2857
	24	水果和蔬菜罐头 平均值				5.00		40.625
	28	肉罐头 平均值				14.67		340
	32	谷类 平均值				13.33		243.3333
	38	干果和坚果 平均值				27.00		213
	43	焙烤食品 平均值				36.25		176.25
	44	总计平均值				22.77		274
	45							

图 4-17　折叠后的产品表分类汇总

(3)按 Ctrl+C 快捷键进行复制,选中目标位置 A50 单元格,按 Enter 键或按 Ctrl+V 快捷键进行粘贴,结果如图 4-18 所示。

1 2 3		A	B	C	D	E	F	G
	1	产品类别	产品代码	产品名称	成本	售价	销售数量	利润
	7	饮料 平均值				42.00		870
	15	调味品 平均值				26.14		199.2857
	24	水果和蔬菜罐头 平均值				5.00		40.625
	28	肉罐头 平均值				14.67		340
	32	谷类 平均值				13.33		243.3333
	38	干果和坚果 平均值				27.00		213
	43	焙烤食品 平均值				36.25		176.25
	44	总计平均值				22.77		274
	45							
	46							
	47							
	48							
	49	(Ctrl) ▾						
	50	产品类别	产品代码	产品名称	成本	售价	销售数量	利润
	51	饮料 平均值				42.00		870
	52	调味品 平均值				26.14		199.2857
	53	水果和蔬菜罐头 平均值				5.00		40.625
	54	肉罐头 平均值				14.67		340
	55	谷类 平均值				13.33		243.3333
	56	干果和坚果 平均值				27.00		213
	57	焙烤食品 平均值				36.25		176.25
	58							

图 4-18　复制分类汇总结果

（4）先选中 B50:D57 单元格区域，按住 Ctrl 键，再用鼠标选中 F50:F57 单元格区域，单击"开始"选项卡"单元格"组中的"删除"按钮，删除选中的单元格区域。

（5）选中 A51:A57 单元格区域，单击"开始"选项卡"编辑"组中的"查找和选择"按钮，执行"替换"命令，弹出"查找和替换"对话框，在"查找内容"文本框中输入"平均值"，"替换为"文本框中不输入任何内容，单击"全部替换"命令按钮，如图 4-19 所示。在确认替换结果后关闭"查找和替换"对话框，即可将 A51:A57 单元格区域中所包含的"平均值"3 个字符删除。

（6）分别将 B50 和 C50 单元格的内容修改为"平均售价""平均利润"，最终结果如图 4-20 所示。

图 4-19　"查找和替换"对话框

图 4-20　分类统计结果

实验 4.4　模拟运算表

【实验目的】

1．熟悉模拟运算表的结构和计算过程。

2．熟练掌握模拟运算表的用法。

3．通过模拟运算表的设计，提升数据统计分析思维能力。

【实验内容】

1．统计不同省市的人数。

（1）计算来自"江苏"的学生人数。

（2）利用模拟运算表计算各省市的学生人数。

2．统计各民族的男女生人数。

（1）计算"汉族"的男生人数和女生人数。

（2）利用模拟运算表计算各民族的男生人数和女生人数。

3．统计不同省市各民族的学生人数。

（1）计算来自"北京"的"汉族"学生人数。

（2）利用模拟运算表计算各省市各民族的人数。

【操作步骤】

1. 统计不同省市的人数。

(1)在"实验 4.4 模拟运算表"工作表的 K4 单元格中输入数组公式：=SUM(IF(LEFT (G2:G151,2)=J4,1,0))，按 Ctrl+Shift+Enter 组合键执行数组公式。

(2)在 J7 单元格中输入：=K4，引用 K4 单元格中的数组公式。

(3)选中 J6:P7 单元格区域，在"数据"选项卡"预测"组中单击"模拟分析"按钮，执行"模拟运算表"命令。

(4)在"模拟运算表"对话框中，单击"输入引用行的单元格"文本框，选择 J4 单元格，如图 4-21 所示。单击"确定"按钮，单变量模拟运算表结果如图 4-22 所示。

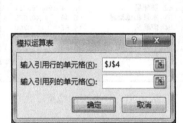

图 4-21　"模拟运算表"对话框(1)　　　　　　图 4-22　单变量模拟运算表结果

2. 统计各民族的男女生人数。

(1)在 O14、O15 单元格中分别输入并执行以下数组公式：

$$=SUM(IF((F2:F151=O13)*(C2:C151="男"),1,0))$$

$$=SUM(IF((F2:F151=O13)*(C2:C151="女"),1,0))$$

(2)在 K12 单元格中输入：=O14，引用 O14 单元格中的数组公式。

(3)在 L12 单元格中输入：=O15，引用 O15 单元格中的数组公式。

(4)选中 J12:L16 单元格区域，单击"数据"选项卡"预测"组"模拟分析"列表中的"模拟运算表"命令，在"模拟运算表"对话框中，单击"输入引用列的单元格"文本框右侧的按钮，选择 O13 单元格，如图 4-23 所示。单击"确定"按钮，单变量多函数模拟运算表结果如图 4-24 所示。

3. 统计不同省市各民族的学生人数。

(1)在 L21 单元格中输入公式：

$$=SUM(IF((LEFT(G2:G151,2)=K21)*(F2:F151=J21),1,0))$$

(2)在 J23 单元格中输入公式：=L21。

(3)选中 J23:P27 单元格区域，执行"数据"选项卡"预测"组"模拟分析"列表中的"模拟运算表"命令，在"模拟运算表"对话框中，单击"输入引用行的单元格"文本框，选择 K21 单元格，单击"输入引用列的单元格"文本框右侧的按钮，选择 J21 单元格，如图 4-25 所示。单击"确定"按钮，双变量模拟运算表结果如图 4-26 所示。

图 4-23　"模拟运算表"对话框(2)

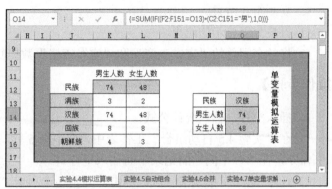

图 4-24　单变量多函数模拟运算表结果

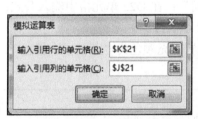

图 4-25　"模拟运算表"对话框(3)

图 4-26　双变量模拟运算表结果

*实验 4.5　自 动 组 合

【实验目的】

1．理解组合的基本概念，了解两种组合方法的区别。

2．学习自动组合的操作方法。

3．学会复制自动组合的结果。

4．提高数据组合分析思维能力。

【实验内容】

1．插入空行，输入统计公式。

(1)在"实验 4.5 自动组合"工作表的每个车间下方插入空行。

(2)在空行中输入统计公式，汇总各车间的"基本工资""岗位津贴"……"实发工资"。

2．自动建立分级显示。

3．复制组合结果。

(1)折叠分级显示的结果。

(2)将各车间总的"应发工资"和"实发工资"数据复制到以 A25 开始的单元格区域。

【操作步骤】

1．插入空行，输入统计公式。

(1)在"实验 4.5 自动组合"工作表中，选中第 6 行，右击鼠标，执行快捷菜单中的"插入"命令，在"一车间"的记录下面插入空行。

(2)选中 A6:C6 单元格区域，单击"开始"选项卡"对齐方式"组中的"合并后居中"按钮，并输入"一车间"；在 D6 单元格中输入公式：=SUM(D2:D5)，拖动填充柄，将公式复制到单元格 E6 至 K6。

(3)选中第 13 行，右击鼠标，执行快捷菜单中的"插入"命令，在"二车间"的记录下面插入空行。

(4)将 A13:C13 单元格区域合并后居中，输入"二车间"；在 D13 单元格中输入公式：=SUM(D7:D12)，拖动填充柄，将公式复制到单元格 E13 至 K13。

(5)将 A22:C22 单元格区域合并后居中，输入"三车间"；在 D22 单元格中输入公式：=SUM(D14:D21)，拖动填充柄，将公式复制到单元格 E22 至 K22。

(6)选中 A6:K6、A13:K13、A22:K22 单元格区域，设置填充颜色为"蓝色，个性色 1，淡色 60%"，结果如图 4-27 所示。

D22				f_x	=SUM(D14:D21)					
	A	B	C	D	E	F	G	H	I	J	K
1	员工编号	姓名	部门	基本工资	岗位津贴	补助	扣发	加班	应发工资	个人所得税	实发工资
2	BH101	祁亚梅	一车间	4001	1880	800	364	0	6317	316	6001
3	BH102	陈萌萌	一车间	4092	2540	700	37	558	7853	393	7460
4	BH103	宋明珠	一车间	4028	2050	700	183	366	6961	348	6613
5	BH104	张玉萍	一车间	4066	2250	700	0	185	7201	360	6841
6		一车间		16187	8720	2900	584	1109	28332	1417	26915
7	BH201	孙曼	二车间	4042	2000	500	184	184	6542	327	6215
8	BH202	朱国云	二车间	4037	1780	500	220	0	6097	305	5792
9	BH203	林云	二车间	4064	2390	500	0	185	7139	357	6782
10	BH204	于琴琴	二车间	3412	1960	500	155	0	5717	286	5431
11	BH205	顾玲玲	二车间	3402	2130	500	0	155	6187	309	5878
12	BH206	叶晶	二车间	3448	2280	500	31	157	6354	318	6036
13		二车间		22405	12540	3000	590	681	38036	1902	36134
14	BH301	何婷	三车间	9050	2000	500	823	411	11138	1114	10024
15	BH302	金茹	三车间	5532	1890	500	50	251	8123	406	7717
16	BH303	施敏	三车间	5178	2200	500	0	235	8113	406	7707
17	BH304	王云霞	三车间	5301	1670	500	96	0	7375	369	7006
18	BH305	罗烨	三车间	3689	2330	500	0	168	6687	334	6353
19	BH306	黄云	三车间	4061	2000	350	258	185	6338	317	6021
20	BH307	李芹	三车间	4005	2140	350	0	0	6495	325	6170
21	BH308	李倩	三车间	4055	1760	350	0	0	6165	308	5857
22		三车间		40871	15990	3550	1227	1250	60434	3579	56855
23											

| ◀ | … | 实验4.4模拟运算表 | 实验4.5自动组合 | 实验4.6合并 | 实验4.7单变量求解 | 1月 | 2月 | 3月 | ⊕ |

图 4-27　插入空行

2．自动建立分级显示。

在"数据"选项卡中，单击"分级显示"组中的"创建组"按钮下方的下拉按钮，在下拉菜单中选择"自动建立分级显示"命令，如图 4-28 所示。分级显示结果如图 4-29 所示。

由于"应发工资"和"实发工资"是由其前面的字段通过公式计算得出的，加上插入的空行中对垂直方向的字段进行了求和统计，因此，系统对表的水平与垂直方向均进行了自动组合。

图 4-28　创建组按钮　　　　　　　　　　图 4-29　分级显示结果

3．复制组合结果。

（1）单击水平方向的级别按钮"1"和垂直方向的级别按钮"2"，折叠后的结果如图 4-30 所示。

图 4-30　折叠分级显示结果

（2）选中 A1:K22 单元格区域，按 F5 功能键，弹出"定位"对话框，如图 4-31 所示。单击"定位条件"按钮，在打开的"定位条件"对话框中，选中"可见单元格"单选按钮，单击"确定"按钮，如图 4-32 所示。

（3）按 Ctrl+C 快捷键复制，单击 A25 单元格，再按 Ctrl+V 快捷键粘贴，结果如图 4-33 所示。

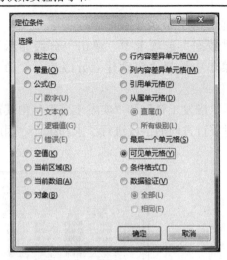

图 4-31　"定位"对话框　　　　　图 4-32　"定位条件"对话框

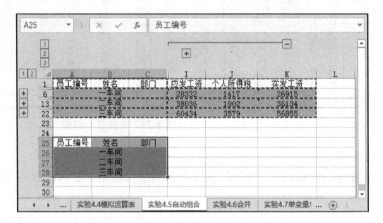

图 4-33　复制可见单元格

(4) 单击垂直排列的级别按钮"3"，展开所有列，如图 4-34 所示。

图 4-34　展开所有列

(5) 选中 A26:C28 单元格区域，单击"开始"选项卡"对齐方式"组中的"合并后居中"按钮，取消单元格合并，将 A26:A28 单元格区域的内容移动到 C26:C28 单元格区域，删除 A25:B25 单元格区域中的内容，删除 E25:E28 单元格区域，右侧单元格左移，设置相关单元格格式后，结果如图 4-35 所示。

图 4-35　组合统计结果

*实验 4.6　合 并 计 算

【实验目的】

1. 了解合并数据的基本方法。
2. 学习相同结构工作表的数据合并统计方法，提高数据统计分析思维能力。

【实验内容】

1. 设计主工作表的结构。

已知供应商 1 月、2 月、3 月的销售统计表如图 4-36、图 4-37、图 4-38 所示，设计如图 4-39 所示的存储合并数据的主工作表的结构。

类别	供应商								
	HP			IBM			LG		
	数量	单价	金额	数量	单价	金额	数量	单价	金额
键盘	70	25	1750	66	30	1980	82	28	2296
内存	60	190	11400	50	300	15000	45	263	11835
鼠标	85	18	1530	100	23	2300	76	21	1596

图 4-36　供应商 1 月销售表

类别	供应商								
	HP			IBM			LG		
	数量	单价	金额	数量	单价	金额	数量	单价	金额
键盘	63	27	1701	59	33	1947	73	30	2190
内存	54	209	11286	45	330	14850	40	289	11560
鼠标	76	19	1444	90	25	2250	68	23	1564

图 4-37　供应商 2 月销售表

	A	B	C	D	E	F	G	H	I	J
1						供应商				
2			HP			IBM			LG	
3	类别	数量	单价	金额	数量	单价	金额	数量	单价	金额
4	键盘	81	26	2106	90	37	3330	86	29	2494
5	内存	63	199	12537	52	315	16380	47	276	12972
6	鼠标	89	18	1602	105	24	2520	79	22	1738
7										

◀ ▶ … 实验4.5自动组合 | 实验4.6合并 | 实验4.7单变量求解 | 1月 | 2月 | **3月** | ⊕

图 4-38　供应商 3 月销售表

	A	B	C	D	E	F	G	H	I	J
1						供应商				
2			HP			IBM			LG	
3	类别	数量	单价	金额	数量	单价	金额	数量	单价	金额
4	键盘									
5	内存									
6	鼠标									
7										

◀ ▶ … 实验4.5自动组合 | **实验4.6合并** | 实验4.7单变量求解 | 1月 | 2月 | 3月 | ⊕

图 4-39　主工作表结构

2．在主工作表中合并供应商第一季度的销售数据。

(1)求各类商品所售"数量""金额"的总和。

(2)求各类商品的平均单价。

3．将主工作表中所有的"单价"改为"均价"。

【操作步骤】

1．设计主工作表的结构。

(1)将"1 月"工作表中的 A1:J6 单元格区域的内容复制到主工作表"实验 4.6 合并"中。

(2)删除 B4:J6 单元格区域中的内容,调整行高。

2．在主工作表中合并供应商第 1 季度的销售数据。

(1)选中"实验 4.6 合并"工作表中的 A4:J6 单元格区域,单击"数据"选项卡"数据工具"组中的"合并计算"命令,弹出"合并计算"对话框如图 4-40 所示。光标在"引用位置"文本框中,单击文本框右侧的"折叠对话框"按钮🔲,选中"1 月"工作表中的 A4:J6 单元格区域,再单击"展开对话框"按钮🔲,最后单击"添加"按钮。

(2)单击"2 月"工作表的标签,"引用位置"文本框的内容自动变为"2 月"工作表中相同位置的单元格区域,单击"添加"按钮。

(3)单击"3 月"工作表的标签,单击"添加"按钮。"标签位置"选中"最左列"复选框,如图 4-40 所示。单击"确定"按钮,合并结果如图 4-41 所示。

图 4-40　"合并计算"对话框——求和

类别	供应商								
	HP			IBM			LG		
	数量	单价	金额	数量	单价	金额	数量	单价	金额
键盘	214	78	5557	215	100	7257	241	87	6980
内存	177	598	35223	147	945	46230	132	828	36367
鼠标	250	55	4576	295	72	7070	223	66	4898

实验4.5自动组合　实验4.6合并　实验4.7单变量求解　1月　2月　3月

图 4-41　合并结果

（4）选中"实验 4.6 合并"工作表中的 C3:C6 单元格区域，单击"数据"选项卡"数据工具"组中的"合并计算"命令，在"合并计算"对话框中，首先选中"所有引用位置"列表框中的列表项，单击"删除"按钮，逐一删除已有引用位置，然后再单击"添加"按钮，添加新的引用位置："1 月""2 月""3 月"工作表中的 C3:C6 单元格区域，"函数"选择"平均值"，"标签位置"选中"首行"，取消选中"最左列"复选框，单击"确定"按钮，如图 4-42 所示。

图 4-42　"合并计算"对话框——平均值

（5）对"实验 4.6 合并"工作表中的 F3:F6 和 I3:I6 单元格区域分别执行上述操作，计算供应商 IBM 和 LG 的平均单价，结果如图 4-43 所示。

类别	供应商								
	HP			IBM			LG		
	数量	单价	金额	数量	单价	金额	数量	单价	金额
键盘	214	26	5557	215	33.33333	7257	241	29	6980
内存	177	199.3333	35223	147	315	46230	132	276	36367
鼠标	250	18.33333	4576	295	24	7070	223	22	4898

··· | 实验4.5自动组合 | 实验4.6合并 | 实验4.7单变量求解 | 1月 | 2月 | 3月 | ⊕

图 4-43　计算平均单价

3．将主工作表中所有的"单价"改为"均价"。

在"实验 4.6 合并"工作表中，单击任意单元格以取消单元格区域的选中状态。单击"开始"选项卡"编辑"组中的"查找和选择"按钮，执行"替换"命令，弹出"查找和替换"对话框，在"查找内容"文本框中输入"单价"，在"替换为"文本框中输入"均价"，单击"全部替换"按钮，如图 4-44 所示。

图 4-44　"查找和替换"对话框

*实验 4.7　单变量求解

【实验目的】

1．了解单变量求解工具的应用范围。
2．学会使用单变量求解工具求解非线性方程，培养数据逆向分析思维能力。

【实验内容】

1．设计非线性方程 $2x^3+x^2+x=5$。
2．求方程的近似解。

【操作步骤】

1．设计非线性方程 $2x^3+x^2+x=5$。

在"实验 4.7　单变量求解"工作表的 B4 单元格中构建以 B3 单元格为自变量的函数关系式，输入公式：=2*B3^3+B3^2+B3，如图 4-45 所示。

2．求方程的近似解。

(1)单击"数据"选项卡"预测"组中的"模拟分析"按钮，执行列表中的"单变量求解"命令。

(2)在"单变量求解"对话框中，设置"目标单元格"为 B4，"目标值"为 5，"可变单元格"为$B$3，单击"确定"按钮，如图 4-46 所示。

图 4-45　构建函数

图 4-46　"单变量求解"对话框

(3)在"单变量求解状态"对话框中，单击"确定"按钮，如图 4-47 所示。方程的近似解为 1.102619152，如图 4-48 所示。

图 4-47　"单变量求解状态"对话框

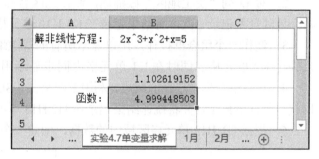
图 4-48　方程的近似解

第 5 章　图表与形象思维

实验 5.1　制作各地区销售订单饼图

【实验目的】

1. 掌握数组公式的书写。
2. 掌握 INDEX、SUM、IF 函数的使用方法。
3. 掌握饼图的创建。
4. 了解如何隐藏饼图中的"0-数据项"。
5. 掌握饼图的格式设置方法。
6. 建立形象思维模式的知识基础。

【实验内容】

1. 不同地区的订单情况(数据来源于 Northwind.accdb)如图 5-1 所示。对 B 列"产品名称"做筛选，制作产品清单，罗列出所有出现过的产品名称，每种名称只需记录一次，将结果记录在 G2:G13 单元格区域中。

2. 对 D 列"货主地区"做筛选，制作地区名称清单，罗列出所有出现过的货主地区，每个地区只需记录一次，将结果记录在 K4:K10 单元格区域中。

3. 制作一个组合框控件，用以显示所有的货主地区，并将用户在组合框中选择的结果反馈至 K2 单元格。同时在 K1 单元格内同步显示用户选择的货主地区名称。

4. 结合组合框中选择的结果，利用数组公式、SUM 函数和 IF 函数，统计各地区订购不同饮料的订单数量，并将统计结果记录在 H2:H13 单元格区域中。

5. 根据 G1:H13 单元格区域中的数据，创建一个如图 5-2 所示的三维饼图。

	A	B	C	D	E
1	订单ID	产品名称	订购日期	货主地区	金额
2	10253	运动饮料	1996/7/10	华北	604.8
3	10254	汽水	1996/7/11	华中	45.9
4	10255	牛奶	1996/7/12	华北	304
5	10257	运动饮料	1996/7/16	华东	86.4
6	10258	牛奶	1996/7/17	华东	608
7	10260	苏打水	1996/7/19	华北	189
8	10261	蜜桃汁	1996/7/19	华东	288
9	10263	汽水	1996/7/23	华北	100.8
10	10264	牛奶	1996/7/24	华北	532
11	10265	苏打水	1996/7/25	华中	240

图 5-1　订单情况

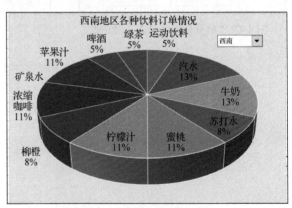

图 5-2　销售订单饼图

（1）隐藏图例。

（2）利用文本框控件添加图表标题，并设置为 18 磅、黑体，标题中显示的地区名称可以随组合框的选择而发生变化。

（3）设置图表的背景色为"茶色，背景 2"。

（4）添加数据标签，并且在标签中显示百分比、类别名称，不显示引导线。

（5）如果饼图的数据源中包含"0-数据项"，通过格式设置，自动隐藏该项的数据标签。

【操作步骤】

1．数据筛选。

（1）制作产品名称清单。

单击"数据"选项卡"排序和筛选"组中的"高级"按钮，弹出"高级筛选"对话框。将对话框中的"方式"选择为"将筛选结果复制到其他位置"，将"列表区域"设置为 B1:B406 单元格区域，"复制到"设置为 G1 单元格，同时选中"选择不重复的记录"复选框，最后单击"确定"按钮，如图 5-3 所示。

（2）制作货主地区清单。

同步骤（1）打开"高级筛选"对话框。将对话框中的"方式"选择为"将筛选结果复制到其他位置"，将"列表区域"设置为 D1:D406 单元格区域，"复制到"设置为 K3 单元格，同时选中"选择不重复的记录"复选框，最后单击"确定"按钮，如图 5-4 所示。

图 5-3　筛选产品名称

图 5-4　筛选货主地区

通过以上两步，就可以制作出如图 5-5 所示的"产品名称"清单和"货主地区"清单。

2．制作组合框控件。

（1）创建控件。

单击"开发工具"选项卡"控件"组中"插入"按钮，选择"表单控件"中组合框控件，在工作表空白区域拖拽出一个组合框。右击该组合框，在弹出的快捷菜单中，选择"设置控件格式"命令，打开"设置控件格式"对话框。

将组合框的"数据源区域"设置为 K4:K10，"单元格链接"设置为 K2，单击"确定"按钮，如图 5-6 所示。

图 5-5　筛选结果

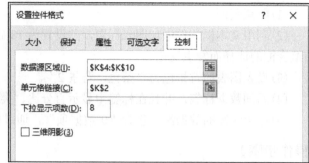

图 5-6　组合框格式设置

(2)同步显示组合框的选择结果。

选中 K1 单元格，利用 INDEX 函数在编辑栏中编写以下公式：

$$=INDEX(K4:K10,K2)$$

即可在 K1 单元格中同步显示用户在组合框中选中的货主地区名称。

3．订单数统计。

在 H2:H13 中输入公式，计算各类饮料发往用户通过组合框指定地区的订单数。选中 H2 单元格，利用数组公式、SUM 和 IF 函数在编辑栏中编写以下公式：

$$\{=SUM(IF((\$B\$2:\$B\$406=G2)*(\$D\$2:\$D\$406=\$K\$1),1))\}$$

利用 Excel 的自动填充功能，将光标停留在 H2 单元格右下角，呈现实心十字光标时，将该公式拖拽填充至 H3:H13 单元格区域，如图 5-7 所示。

4．创建饼图。

选中 G1:H13 单元格区域，单击"插入"选项卡"图表"组中的"饼图"按钮，选择"三维饼图"，即可创建出如图 5-8 所示的饼图。

	G	H
1	产品名称	订单数
2	运动饮料	2
3	汽水	5
4	牛奶	5
5	苏打水	3
6	蜜桃汁	4
7	柠檬汁	4
8	柳橙汁	3
9	浓缩咖啡	
10	矿泉水	0
11	苹果汁	4
12	啤酒	2
13	绿茶	2

图 5-7　西南地区订单情况

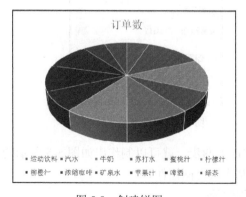

图 5-8　创建饼图

5．设置饼图格式。

(1)隐藏图例。

单击图例，选中整个图例，按 Delete 键，删除整个图例。或者选中饼图，激活"图表工具"选项卡，单击"设计"子选项卡"图表布局"组中单击"添加图表元素"按钮，在"图例"的下拉菜单中选择"无"，也可以取消显示图例。

（2）添加动态图表标题。

首先，删除原标题。选中系统自动生成的标题，按 Delete 键删除。然后在 M2 单元格中利用公式编辑一个可以随组合框的操作而动态变化的标题内容，可以参考如下公式：

$$=K1 \& "地区各种饮料订单情况"$$

最后，单击"插入"选项卡"插图"组中"形状"按钮，选择"文本框"，在饼图顶端拖拽出文本框合适的大小。在选中该文本框的情况下，在编辑栏中输入公式：=M2。选中文本框，在"开始"选项卡下，将标题设置为黑体、18 磅字体。

（3）设置图表背景色。

右击图表区，在弹出的快捷菜单中选择"设置图表区域格式"命令，打开"设置图表区格式"对话框。打开"填充"选项，在下方选择"纯色填充"，并在"颜色"中打开"主题颜色"下拉列表，选择第 1 排第 3 个"主题颜色"，即"茶色，背景 2"，如图 5-9 所示。

（4）添加数据标签。

右击饼图（也就是代表数据的各个扇区）的任一位置，在弹出的快捷菜单中选择"添加数据标签"命令。右击任意一个数据标签，在弹出的快捷菜单中选择"设置数据标签格式"命令，打开"设置数据标签格式"对话框。

单击"标签选项"，在"标签包括"中选择"类别名称""百分比"，取消勾选"显示引导线"复选框，如图 5-10 所示。

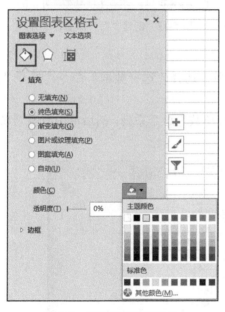

图 5-9　设置图表区背景色

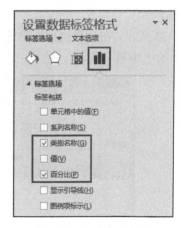

图 5-10　数据标签格式

6．隐藏"0-数据项"的标签。

（1）隐藏数字成分。

在上一步打开的"设置数据标签格式"对话框中，选择左侧的"数字"选项，在"类别"中选择"自定义"，并在下方的"格式代码"中输入"0%;;;"，单击"添加"按钮，如图 5-11 所示。

（2）创建"新产品名称"列，隐藏"0-数据项"类别名称。

在 I2:I13 单元格区域中新创建一个列"新产品名称"，记录新的产品名称，要求如果其中某产品的订单数为 0，则不显示该产品的名称。

选中 I2 单元格，在编辑栏中输入以下公式：

$$=IF(H2=0,"",G2)$$

利用 Excel 的自动填充功能，将光标停留在 I2 单元格右下角，呈现实心十字光标时，将该公式拖拽填充至 I3:I13 单元格区域，效果如图 5-12 所示。

	G	H	I
1	**产品名称**	**订单数**	**新产品名称**
2	运动饮料	2	运动饮料
3	汽水	5	汽水
4	牛奶	5	牛奶
5	苏打水	3	苏打水
6	蜜桃汁	4	蜜桃汁
7	柠檬汁	4	柠檬汁
8	柳橙汁	3	柳橙汁
9	浓缩咖啡	4	浓缩咖啡
10	矿泉水	0	
11	苹果汁	4	苹果汁
12	啤酒	2	啤酒
13	绿茶	2	绿茶

图 5-11　自定义数字显示格式　　　图 5-12　创建"新产品名称"列

（3）重设数据源的分类标签项。

右击图表的任意位置，在弹出的快捷菜单中选择"选择数据"命令，打开"选择数据源"对话框。

如图 5-13 所示，在"图例项"中选中"订单数"这个系列，然后单击右侧"水平（分类）轴标签"下的"编辑"按钮。

图 5-13　"选择数据源"窗口设置

在打开的"轴标签"对话框中，将"轴标签区域"设置为 I2:I13，单击"确定"按钮。再次回到"选择数据源"对话框，单击"确定"按钮，如图 5-14 所示。

图 5-14　"轴标签"对话框

最后将组合框拖拽至图表的合适位置，如图 5-2 所示的动态饼图即可制作完毕。

实验 5.2　制作动态订单柱形图

【实验目的】

1．掌握筛选数据的方法。

2．掌握模拟运算表的使用方法。

3．熟练使用数值调节钮、文本框控件。

4．学会创建簇状柱形图。

5．掌握设置柱形图格式的方法。

6．培养形象思维模式。

【实验内容】

1．图 5-15 中记录了不同运货公司承接的发往不同地区的订单情况（数据来源于 Northwind.accdb）。对 E 列"货主地区"做筛选，制作货主地区清单，罗列出所有出现过的地区名称，每种名称只需记录一次，将结果记录在 H3:H8 单元格区域中。

	A	B	C	D	E	F
1	订单ID	订购日期	公司名称	运货费	货主地区	订单金额
2	10267	1996/7/29	急速快递	208.58	华东	3536.6
3	10286	1996/8/21	联邦货运	229.24	华东	3016
4	10305	1996/9/13	联邦货运	257.62	华北	3741.3
5	10324	1996/10/8	急速快递	214.27	西南	5275.71
6	10345	1996/11/4	统一包裹	249.06	东北	2924.8
7	10353	1996/11/13	联邦货运	360.63	华北	8593.28
8	10359	1996/11/21	联邦货运	288.43	华东	3471.68
9	10372	1996/12/4	统一包裹	890.78	华北	9210.9
10	10424	1997/1/23	统一包裹	370.61	华北	9194.56
11	10430	1997/1/30	急速快递	458.78	西南	4899.2
12	10479	1997/3/19	联邦货运	708.95	华北	10495.6
13	10490	1997/3/31	统一包裹	210.19	华东	3163.2
14	10510	1997/4/18	联邦货运	367.63	东北	4707.54
15	10511	1997/4/18	联邦货运	350.64	华北	2550
16	10514	1997/4/22	统一包裹	789.95	华北	8623.45
17	10515	1997/4/23	急速快递	204.47	东北	9921.3
18	10518	1997/4/25	统一包裹	218.15	华东	4150.05
19	10524	1997/5/1	统一包裹	244.79	西南	3192.65

图 5-15　订单记录表

2．根据图 5-15 所示数据制作一张动态簇状柱形图，可以选择查看运货费/订单金额的分布情况，具体效果如图 5-16 所示。

(1) 创建两个控件：数值调节钮和文本框，通过调整数据调节钮的上下三角按钮，可以在文本框中切换显示"运货费"或者"订单金额"。同时将数值调节钮的操作结果返回到 M2 单元格中。

(2) 在 M1 单元格中显示数值调节钮选择的是"运货费"还是"订单金额"。

(3) 根据数值调节钮操作的结果，在 I1 和 J1 单元格中同步显示"最高运货费""最低运货费"，或者"最高订单金额""最低订单金额"。

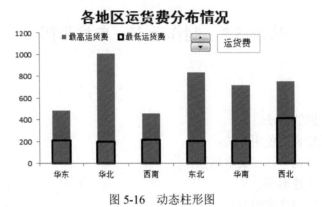

图 5-16　动态柱形图

(4) 利用数组公式和 MAX、IF 函数，在 I2 和 J2 单元格中编写公式，统计发往某地区订单中最高/最低运货费(或者订单金额)。具体的某个地区名字可记录在单元格 L2 中。

(5) 利用模拟运算表填充 I3:J8 单元格区域。

(6) 选择合适的数据源区域，创建一个簇状柱形图。

3. 设置柱形图的格式。

(1) 不显示所有网格线。

(2) 将两个数据系列重叠，并将第 2 个数据系列的柱形设置为无填充，并使用黑色、2.5 磅的粗实线作为边框。

(3) 将图列放置在图表的上端。

(4) 利用文本框控件添加图表标题，并设置为 18 磅、黑体、加粗，标题中统计的内容可以随数值调节钮的操作而发生变化。

【操作步骤】

1. 数据筛选。

单击"数据"选项卡"排序和筛选"组中的"高级"按钮，弹出如图 5-17 所示的"高级筛选"对话框。

将对话框中的"方式"选择为"将筛选结果复制到其他位置"，将"列表区域"设置为 E1:E72 单元格区域，"复制到"设置为 H1 单元格，同时选中"选择不重复的记录"复选框，最后单击"确定"按钮。

将 H2:H7 单元格区域整体向下位移一行，为使用模拟运算表做好准备，如图 5-18 所示。

图 5-17　筛选货主地区图　　　　　　图 5-18　货主地区清单

2．制作控件。

(1)创建数值调节钮控件。

单击"开发工具"选项卡"控件"组中"插入"按钮，选择"表单控件"中的"数值调节钮"控件，在工作表空白区域拖拽出一个数值调节钮。右击该数值调节钮，在弹出的快捷菜单中选择"设置控件格式"命令，打开"设置控件格式"对话框。

将数值调节钮的"最小值"设置为1，"最大值"设置为2，"步长"设置为1，"单元格链接"设置为M2，单击"确定"按钮，如图 5-19 所示。

图 5-19　设置数值调节钮格式

(2)显示数值调节钮的操作结果。

在 M3 单元格中输入文字"运货费"，在 M4 单元格输入文字"订单金额"。

选中 M1 单元格，利用 INDEX 函数，在编辑栏中输入以下公式：

$$=INDEX(M3:M4,M2)$$

(3)创建文本框控件，在图表中显示"运货费"或者"订单金额"。

单击"插入"选项卡"文本"组中"文本框"按钮，选择"横排文本框"，在工作表空白处拖出合适大小的文本框。在选中该文本框的情况下，在编辑栏中输入公式：=M1。

3．制作统计表格。

(1)在 I1 和 J1 单元格中设置动态标题。

选中 I1 单元格，在编辑栏中输入公式：="最高" & M1。

选中 J1 单元格，在编辑栏中输入公式：="最低" & M1。

(2)在 L1 单元格中输入文字"货主地区"，L2 单元格输入文字"华东"。

(3)在 I2 单元格中输入以下公式，统计最高运货费或者订单金额：

$$\{=MAX(IF(E2:E72=L2,IF(M2=1,D2:D72,F2:F72)))\}$$

在 J2 单元格中输入以下公式，统计最低运货费或者订单金额：

$$\{=MIN(IF(E2:E72=L2,IF(M2=1,D2:D72,F2:F72)))\}$$

(4)制作模拟运算表。

选中 H2:J8 单元格区域,单击"数据"选项卡"预测"组中"模拟分析"按钮,选择"模拟运算表"命令,打开如图 5-20 所示的"模拟运算表"对话框。

在"模拟运算表"对话框中，将"输入引用列的单元格"设置为 L2，单击"确定"按钮。如图 5-21 所示的统计表即制作完毕。

图 5-20　"模拟运算表"对话框

	H	I	J	K	L	M
1	货主地区	最高运货费	最低运货费		货主地区	运货费
2		487.38	208.58		华东	1
3	华东	487.38	208.58			运货费
4	华北	1007.64	200.24			订单金额
5	西南	458.78	214.27			
6	东北	830.75	203.48			图表标题
7	华南	719.78	202.24			
8	西北	754.26	411.88			

图 5-21　统计表

4．创建簇状柱形图。

选中 H1:J1 单元格区域，按住 Ctrl 键，同时再选中 H3:J8 单元格区域。单击"插入"选项卡"图表"组中"柱形图"按钮，选择"二维柱形图"中的"簇状柱形图"，可以创建出如图 5-22 所示的图表。

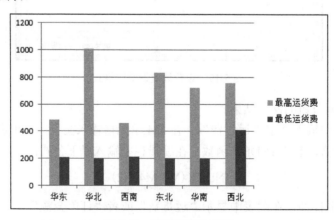

图 5-22　创建簇状柱形图

5．设置柱形图格式。

(1)去除横向网格线。

单击任意一根横向网格线，按 Delete 键，即可删除所有横向网格线。或者选中图表，激活"图表工具"选项卡，单击"设计"子选项卡"图表布局"组中"添加图表元素"按钮，在"网格线"选项中，取消"主轴主要水平网格线"，也可以删除横向网格线。

(2)更改图例位置。

单击"图表工具"选项卡中"设计"子选项卡"图表布局"组中"添加图表元素"按钮，在"图例"选项中，选择"顶部"命令。再用鼠标左键将图例拖拽至合适的位置。

(3)修改数据系列格式。

右击任意一个第 2 数据系列的柱形(也就是图 5-22 中"最低运货费"这个系列)，在弹出的快捷菜单中选择"设置数据系列格式"命令。

打开如图 5-23 所示的"设置数据系列格式"对话框，选择"系列选项"，将下方的"系列重叠"设置为 100%重叠型。选择左侧的"填充与线条"功能按钮，在下方的"填充"中选择"无填充"。选择下方的"边框"，选择"实线"选项，在下方的"颜色"中选择"主题颜色"为"黑色，文字 1"，如图 5-24 所示。

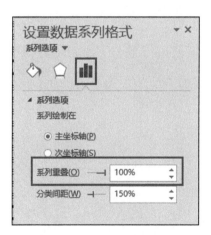

图 5-23　设置数据系列重叠

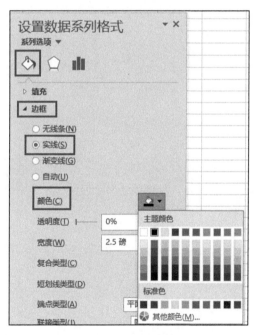

图 5-24　设置边框颜色

最后，将"边框"的"宽度"设置为 2.5 磅。单击"关闭"按钮。

(4)增加动态图表标题。

在 L7 单元格中，利用公式编辑一个可以随数值调节钮的操作而动态变化的标题内容，可以参考以下公式：

$$="各地区" \& M1 \& "分布情况"$$

单击"插入"选项卡"文本"组中的"文本框"按钮，选择"横排文本框"，在柱形图顶端拖拽出合适大小的文本框。在选中该文本框的情况下，在编辑栏中输入公式：=L7。

选中文本框，在"开始"选项卡下，将标题设置为黑体、18 磅字体、加粗。

右击该文本框，在弹出的快捷菜单中选择"设置形状格式"命令。在弹出的对话框中选择"填充"选项，将"填充"设置为"无填充"。在下方的"线条"选项中，选择"无线条"。单击"关闭"按钮。

6．安置数值调节钮和文本框控件。

右击最初创建的数值调节钮和文本框，在弹出的快捷菜单中选择"置于顶层"命令。最后将这两个控件拖拽至图表的合适位置，就可以创建出如图 5-16 所示的动态柱形图。

第6章 投资决策模型与选择思维

实验 6.1 财务函数计算模型

【实验目的】

1. 理解投资的概念。
2. 了解银行的利率概念。
3. 掌握使用 PV 函数计算现值的方法。
4. 掌握使用 FV 函数计算未来值的方法。
5. 培养学生投资理财的选择思维意识。

【实验内容】

利用 Excel 内建函数完成如下要求的计算。

1. 某人借出资金 100000 元，按年利率 8%计算，5 年后可获资金多少元？
2. 某人准备在 8 年后积蓄达 60000 元，试计算目前应存款多少元？（按年利率 7.5%计算）
3. 某私人企业购入机床一台，价值为 20000 元，使用期为 6 年。若使用机器后每年可获利 5000 元，6 年后年金的净现值为多少元？（按年利率 8%计算）

【操作步骤】

1. 某人借出资金 100000 元，按年利率 8%计算，5 年后可获资金多少元？

(1)将"借出资金""利率""年数""5 年后资金"在工作表中形成一个计算框架，在 C3:C5 单元格区域中输入相关的已知数据，如图 6-1 所示。

(2)在 C6 单元格中输入未来值函数的公式：

$$C6=FV(C4,C5,0,C3)$$

5 年后的资金为 146932.81 元，计算结果如图 6-2 所示。

	A	B	C	D
2				
3		借出资金	-100000	
4		利率	8%	
5		年数	5	
6		5年后资金		
7				

	A	B	C	D
2				
3		借出资金	-100000	
4		利率	8%	
5		年数	5	
6		5年后资金	146932.81	
7				

图 6-1 未来值函数 FV 的计算框架　　　　　　图 6-2 未来值函数 FV 的计算结果

2. 某人准备在 8 年后积蓄 60000 元，试计算目前应存款多少元？（按年利率 8%计算）

(1)将"8 年后积蓄""利率""年数""目前应存款多少元"在工作表中形成一个计算框架，在 C9:C11 单元格区域中输入相关的已知数据，如图 6-3 所示。

(2)在 C12 单元格中输入现值函数的公式:

$$C12=PV(C10,C11,,-C9)$$

目前应存款额为 33642.13 元,计算结果如图 6-4 所示。

	A	B	C	D
8				
9		8年后积蓄	60000	
10		利率	8%	
11		年数	8	
12		目前应存款多少元		
13				

图 6-3　现值函数 PV 的计算框架

	A	B	C	D
8				
9		8年后积蓄	60000	
10		利率	8%	
11		年数	8	
12		目前应存款多少元	33642.13	
13				

图 6-4　现值函数 PV 的计算结果

3．某私人企业购入机床一台,价值为 20000 元,使用期为 6 年。若使用机器后每年可获利 5000 元,6 年后机器的净现值为多少元?(按年利率 8%计算)

(1)将"初始价值""使用期""每年获利""利率""6 年后年金的现值"在工作表中形成一个计算框架,在 C15:C18 单元格区域中输入相关的已知数据,如图 6-5 所示。

(2)在 C19 单元格中输入净现值函数的公式:

$$C19=NPV(C18,C17,C17,C17,C17,C17,C17)+C15$$

6 年后机器的现值为 3114.40 元,计算结果如图 6-6 所示。

	A	B	C	D
14				
15		初始价值	-20000	
16		使用期	6	
17		每年获利	5000	
18		利率	8%	
19		6年后机器的现值		
20				

图 6-5　净现值函数 NPV 的计算框架

	A	B	C	D
14				
15		初始价值	-20000	
16		使用期	6	
17		每年获利	5000	
18		利率	8%	
19		6年后机器的现值	3114.40	
20				

图 6-6　净现值函数 NPV 的计算结果

实验 6.2　企业经营投资决策评价模型

【实验目的】

1．理解投资评价模型。

2．掌握使用 NPV 函数计算净现值。

3．掌握使用 IRR 函数计算内部报酬率。

4．培养学生的选择思维能力,建立投资评价模型,得出最优投资结论。

【实验内容】

某商人有 600 万元资金,准备考察两个投资项目。项目 A 是投资开设一家苏果社区店,项目 B 是开设一家肯德基餐厅。项目 A 初始投入 600 万元,以后每年获得本金的 12%的投资收益,10 年后收回本金;项目 B 初始投入 600 万元,根据预测该项目第 1 年可获得 40 万元的收益,以后每年的收益在上一年的基础上递增 15%,10 年后收回本金。假定贴现率为 7%,要求:

1．在本工作表中构建一个计算框架模型，对两个项目进行比较，分别计算出两个投资项目的净现值，给出“项目 A 较优”或“项目 B 较优”的投资结论。

2．扩充上述模型，分别计算出项目 A 和项目 B 的内部报酬率。

3．求出使两个项目的净现值相等的贴现率及相等处的净现值。

【操作步骤】

1．建立模型框架。

根据题目的相关要求构建一个框架 A1:C17。

(1) 在 B1:C2 单元格区域中依次输入“贴现率”“7%”“项目 A”和“项目 B”。

(2) 在 A3:A13 单元格区域中依次输入 0、1、2、3、4、5、6、7、8、9、10，表示投资的年份，其中 A3 单元格中的 0 表示初始投资。

(3) 在 A14:A17 单元格区域中依次输入文字“净现值”“内部报酬率”“净现值相等处的内部报酬率”“交点处净现值”，如图 6-7 所示。

2．输入第 0 年至第 10 年的现金流。

(1) 由于初始投资是资金的付出，因此在 B3 和 C3 单元中均输入“–600”。

(2) 项目 A 初始投入 600 万元，以后每年获得本金的 12%的投资收益。因此在 B4 单元格输入公式：=–$B$3*12%，利用数据填充柄工具将 B4 单元的公式复制到 B5:B12 单元格区域中。由于项目 A 准备在 10 年后收回本金，因此项目 A 第 10 年年末的现金流应该用公式“=–$B$3*12%+(–B3)”来计算。

(3) 根据预测，项目 B 在第 1 年便可以获得 40 万元的纯收益，以后每年的收益在上年的基础上再递增 15%，投资的本金 10 年后全部收回。因此在 C4 单元格中输入 40，C5:C13 单元格区域中的公式应分别为：C5=C4*(1+15%)、C6=C5*(1+15%)、C7=C6*(1+15%)、C8=C7*(1+15%)、C9=C8*(1+15%)、C10=C9*(1+15%)、C11= C10*(1+15%)、C12=C11*(1+15%)、C13=C12*(1+15%)+(–C3)，结果如图 6-8 所示。

	A	B	C	D
1		贴现率	7%	
2		项目A	项目B	
3	0			
4	1			
5	2			
6	3			
7	4			
8	5			
9	6			
10	7			
11	8			
12	9			
13	10			
14	净现值			
15	内部报酬率			
16	净现值相等处的内部报酬率			
17	交点处净现值			
18				

图 6-7　投资模型框架

	A	B	C	D
1		贴现率	7%	
2		项目A	项目B	
3	0	-600	-600	
4	1	72	40	
5	2	72	46.0	
6	3	72	52.9	
7	4	72	60.8	
8	5	72	70.0	
9	6	72	80.5	
10	7	72	92.5	
11	8	72	106.4	
12	9	72	122.4	
13	10	672	740.7	
14	净现值			
15	内部报酬率			
16	净现值相等处的内部报酬率			
17	交点处净现值			
18				

图 6-8　项目 A 和项目 B 的现金流

3．分别计算两个项目的净现值和内部报酬率。

(1) 计算项目 A 和项目 B 的净现值。在 B14 和 C14 单元格中分别输入下列公式：

B14=B3+NPV($C$1,B4:B13)
C14=C3+NPV($C$1,C4:C13)

(2) 计算项目 A 和项目 B 的内部报酬率。在 B15 和 C15 单元格中分别输入下列公式：

B15=IRR(B3:B13)
C15=IRR(C3:C13)

(3)计算项目 A 和项目 B 净现值相等的内部报酬率。在 B16 单元格中输入下列公式：

B16=IRR(B3:B13-C3:C13)

(4)计算项目 A 和项目 B 交点处的净现值。在 B17 和 C17 单元格中分别输入下列公式：

B17=B3+NPV($B$16,B4:B13)
C17=C3+NPV($B$16,C4:C13)

计算结果如图 6-9 所示。

4．评价最优投资项目。

利用 IF 函数确定最优投资项目。在 A19 单元格中输入公式 "=IF(B14>C14,B2,C2)&"较优""，这样可以直接显示哪个项目较优。为了突出显示结果，将 A19 单元格设置成红色并加红色双线边框，结果如图 6-10 所示。

	A	B	C	D
14	净现值	210.71	233.29	
15	内部报酬率	12.00%	11.91%	
16	净现值相等处的内部报酬率	11.17%		
17	交点处净现值	28.96	28.96	
18				

图 6-9　项目 A 和项目 B 的净现值和内部报酬率

	A	B	C	D
1		贴现率	7%	
2		项目A	项目B	
3	0	-600	-600	
4	1	72	40	
5	2	72	46.0	
6	3	72	52.9	
7	4	72	60.8	
8	5	72	70.0	
9	6	72	80.5	
10	7	72	92.5	
11	8	72	106.4	
12	9	72	122.4	
13	10	672	740.7	
14	净现值	210.71	233.29	
15	内部报酬率	12.00%	11.91%	
16	净现值相等处的内部报酬率	11.17%		
17	交点处净现值	28.96	28.96	
18				
19	项目B较优			
20				

图 6-10　项目 A 和项目 B 的投资决策结果

实验 6.3　房地产投资决策模型

【实验目的】

1．了解房地产投资评价模型。
2．了解银行的利率概念。
3．掌握使用 FV 函数计算未来值的方法。
4．掌握使用 PMT 函数计算投资或者贷款的每期付款金额。
5．利用选择思维方式思考问题。

【实验内容】

某人看中一套商品房，打算在 10 年后用全额现金支付方式购买，目前该房屋的价格为 1800000 元，据估计该房的房价每年会上涨 6%。现在，购房人每年投入相同数量的金钱到一种年收益率为 12%的投资理财项目上，准备在第 10 年年末将存款全部取出来购买那套商品房。要求：

1．利用 Excel 的财务函数分别计算出 10 年后该房的房价及购房人每年应该投入的金额。

2．在动态模拟表(H3:N13 单元格区域)的各个相应单元格中输入正确的公式，计算出购房人每年应向投资项目存入的金额、从该投资项目得到的年收益(并继续投入到该项目中去)、每年初的存款余额、每年末的存款余额及每年末的房价。通过计算，来确认 10 年后的存款余额是否可以正好支付 10 年后该商品房的购房款。

【操作步骤】

1．建立房地产投资模型框架。

根据题目的相关要求构建一个框架 C3:D8。

(1)在 C3:D8 单元格区域中输入"当前房价""房价上升率""投资收益率""年限""购买时房价""每年存入金额"。

(2)在 D3:D6 单元格区域中依次输入 1800000、6%、12%、10，如图 6-11 所示。

2．计算 10 年后的房价和每年存入的金额。

(1)使用未来值 FV 函数计算出 10 年后的房价。在 D7 单元格中输入公式"=FV(D4,D6,,−D3)"，10 年后的房价为 3223525.85 元。

(2)使用 PMT 函数计算每年的存款金额。在 D8 单元格中输入公式"=PMT(D5,D6,,−D7)"，每年应向银行存入 183689.93 元，如图 6-12 所示。

图 6-11　房地产投资模型框架　　　　图 6-12　房地产投资模型计算结果

3．构建立房地产投资模型动态模拟表的框架。

(1)在 H3:H13 单元格区域中依次输入下列数据"年、1、2、3、4、5、6、7、8、9、10"。

(2)在 I3、J3、K3、L3、N3 的单元格中输入文字"年初存款余额""年存入金额""年收益""年末存款余额""年末房价"，如图 6-13 所示。

4．计算每年的"年初存款余额""年存入金额""年收益""年末存款余额""年末房价"。

(1)第 1 年的年初存款余额应为 0，因此在 I4 的单元格中输入常数 0。

(2)从第 2 年开始，每年的年初存款余额应为上一年年末的存款余额。在 I5 的单元格输入公式"=L4"。使用数据填充柄工具，将 I5 单元格中的公式复制到 I6:I13 单元格区域，I6:I13 单元格区域中的公式分别是"=L5""=L6""=L7""=L8""=L9""=L10""=L11""=L12"。

(3)因为该投资模型每年的年存入金额都是相同的，因此在 J4:J13 单元格区域中输入的公式都是一样的，其公式为"=$D$8"。

(4)计算每年的年收益。在 K4 单元格中输入公式"=I4*$D$5"。使用数据填充柄工具，将 K4 单元格中的公式复制到 K5:K13 单元格区域，K5:K13 单元格区域中的公式分别是：

“=I5*$D$5”“=I6*$D$5”“=I7*$D$5”“=I8*$D$5”“=I9*$D$5”“=I10*$D$5”“=I11*$D$5”“=I12*$D$5”“=I13*$D$5”。

年	年初存款余额	年存入金额	年收益	年末存款余额	年末房价
1	0				
2					
3					
4					
5					
6					
7					
8					
9					
10					

图 6-13　房地产投资模型动态模拟表的框架

(5)计算每年的年末存款余额。在 L4 单元格中输入公式“=SUM(I4:K4)”。使用数据填充柄工具，将 L4 单元格中的公式复制到 L5:L13 单元格区域，L5:L13 单元格区域中的公式分别是“=SUM(I5:K5)”“=SUM(I6:K6)”“=SUM(I7:K7)”“=SUM(I8:K8)”“=SUM(I9:K9)”“=SUM(I10:K10)”“=SUM(I11:K11)”“=SUM(I12:K12)”“=SUM(I13:K13)”。

(6)计算每年年末的房价。由于每年的房价在上一年的基础上上涨 6%，因此在 N4 单元格中输入公式“=D3*(1+D4)”，在 N5 单元格中输入公式“=N4*(1+$D$4)”。使用数据填充柄工具，将 N5 单元格中的公式复制到 N6:N13 单元格区域，N6:N13 单元格区域中公式分别是“=N5*(1+$D$4)”“=N6*(1+$D$4)”“=N7*(1+$D$4)”“=N8*(1+$D$4)”“=N9*(1+$D$4)”“=N10*(1+$D$4)”“=N11*(1+$D$4)”“=N12*(1+$D$4)”。

每年的年初存款余额、年存入金额、年收益、年末存款余额和年末房价的计算结果如图 6-14 所示。

年	年初存款余额	年存入金额	年收益	年末存款余额	年末房价
1	0	183689.93	0	183689.93	1908000.00
2	183689.93	183689.93	22042.79	389422.64	2022480.00
3	389422.64	183689.93	46730.72	619843.29	2143828.80
4	619843.29	183689.93	74381.19	877914.41	2272458.53
5	877914.41	183689.93	105349.7	1166954.06	2408806.04
6	1166954.06	183689.93	140034.5	1490678.48	2553334.40
7	1490678.48	183689.93	178881.4	1853249.82	2706534.47
8	1853249.82	183689.93	222390	2259329.73	2868926.53
9	2259329.73	183689.93	271119.6	2714139.22	3041062.13
10	2714139.22	183689.93	325696.7	3223525.85	3223525.85

图 6-14　房地产投资模型动态模拟表的计算结果

比较 D7、L13、N13 三个单元格，发现它们的值是一致的。利用这个计算表，可以确认 10 年末的存款余额正好可以支付当时所需的购房款。

实验 6.4　金融投资(基金)决策模型

【实验目的】

1．理解基金投资模型。
2．了解基金的面值、买入价、净值等基本概念。
3．掌握使用 NPV 函数计算净现值。
4．掌握使用 IRR 函数计算内部报酬率。
5．掌握使用数值调节钮(窗体控件)调整贴现率和增值能力。
6．学会制作动态图表。
7．培养学生的风险思维和发散思维。

【实验内容】

某一名投资者现持有 10 万元的现金进行证券基金的投资，假定目前有 3 种基金品种可供投资：第 1 种基金 A，市场每份的买入价为 0.65 元，该基金净值为 1.05 元；第 2 种基金 B，市场每份的买入价为 0.5 元，该基金净值为 0.85 元；第 3 种基金 C，市场每份的买入价为 0.6 元，该基金净值为 0.9 元。假设投资者只考虑 3 年的投资期限，并在投资期限内不卖出持有的证券基金。试按下列要求建立一个决策模型。

1．试建立一个用 10 万元资金买入上述 3 种证券基金后，各个基金 3 年净值的变化情况表。假定证券基金年增值能力的变化范围为 5%～60%。

2．如果投资者使用的贴现率在 1%～5%范围内变化时，给出这 3 种证券基金中投资效益最优的证券基金。

3．试建立一个可调动态图形，当调节基金 3 个净值增值能力微调控件和贴现率微调控件时，模型给出投资效益最优的证券品种。

【操作步骤】

1．构建基金投资模型的框架。

(1)在 B5:H28 单元格区域中建立框架模型，并根据题意输入已知数据，如图 6-15 所示。

(2)在 C25 单元格中添加一个表单控件数值调节钮用于调节贴现率，设置其当前值、最小值、最大值和步长分别为 5、1、5、1，单元格链接$D$25，如图 6-16 所示。

(3)在 C26 单元格中添加一个表单控件数值调节钮用于调节基金增值能力，设置其当前值、最小值、最大值和步长分别为 5、5、60、5，单元格链接$D$26，如图 6-17 所示。

(4)设置贴现率和增值能力的百分比样式。在 C25 单元格中输入公式 "=D25/100"，在 C26 单元格中输入公式 "=D26/100"，并把 C25、C26 单元格的格式设置为百分比样式，如图 6-18 所示。

2．计算基金 A、基金 B、基金 C 的每年净值。

在 F6:H8 单元格区域中输入下列公式：

F6=E6*(1+$C$26)	G6=F6*(1+$C$26)	H6=G6*(1+$C$26)
F7=E7*(1+$C$26)	G7=F7*(1+$C$26)	H7=G7*(1+$C$26)
F8=E8*(1+$C$26)	G8=F8*(1+$C$26)	H8=G8*(1+$C$26)

	每份基金面值	买入价	初始净值	第1年净值	第2年净值	第3年净值
基金A	1	0.65	1.05			
基金B	1	0.50	0.85			
基金C	1	0.60	0.90			

	基金A	基金B	基金C
初始投资金额	100000	100000	100000
每份基金的单价	0.65	0.50	0.60
可购买的基金份数			
第0年			
第1年			
第2年			
第3年			
净现值			
内部报酬率			

贴现率	
增值能力	
最大净现值	
实现该净现值最大值的项目	

图 6-15　基金投资模型的框架

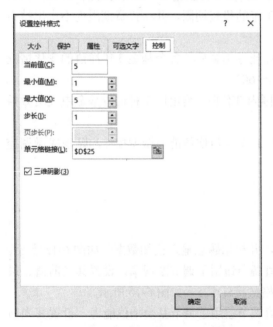

图 6-16　设置 C25 单元格中的微调框格式

图 6-17　设置 C26 单元格中的微调框格式

	贴现率	1.00%	1
	增值能力	5%	5
	最大净现值		
	实现该净现值最大值的项目		

图 6-18　贴现率和增值能力数值调节钮的设置结果

3．计算基金 A、基金 B、基金 C 可购买的基金份数。

在 C15:E15 单元格区域中输入下列公式：

C15=C13/C14   D15=D13/D14   E15=E13/E14

4．计算基金 A、基金 B、基金 C 各年的现金流。

在 C16:E19 单元格区域中输入下列公式：

C16=-C13   D16=-D13   E16=-E13
C17=0   D17=0   E17=0
C18=0   D18=0   E18=0
C19=C15*H6   D19=D15*H7   E19=E15*H8

5．计算基金 A、基金 B、基金 C 的净现值和内部报酬率。

在 C20:E21 单元格区域中输入下列公式：

C20= C16+NPV($C$25,C17:C19)   C21=IRR(C16:C19)
D20= D16+NPV($C$25,D17:D19)   D21=IRR(D16:D19)
E20= E16+NPV($C$25,E17:E19)   E21=IRR(E16:E19)

6．使用 MAX 函数求出基金 A、基金 B、基金 C 的最大净现值。

在 D27 单元格区域中输入下列公式：

D27=MAX(C20:E20)

7．使用 INDEX、MATCH 函数找出实现该净现值最大值的项目。

在 D28 单元格区域中输入下列公式：

D28=INDEX(C12:E12,MATCH(D27,C20:E20,0))

8．使用 IF 函数得出结论。

在 B31 单元格区域中输入下列公式：

B31=IF(D27>0,"最优基金品种是" & D28,"三个基金品种均不可取")

以上计算结果如图 6-19 所示。

9．创建图表。

（1）按住 Ctrl 键，选择不连续的 C12:E12、C20:E20 单元格区域，在"插入"选项卡的"图表"组中单击"插入柱形图或条形图"按钮，在下拉列表中选择二维柱形图中的"簇状柱形图"，创建如图 6-20 所示的净现值簇状柱形图。

（2）取消图中的主要横网格线，删除图中的图例。在"设置坐标轴格式"对话框中设置纵坐标轴的格式：最小值为 0，最大值为"自动"，主要刻度单位为 50000，如图 6-21 所示。

（3）设置图表的标题。将"图表标题"设置成"图表上方"，标题内容为"基金投资模型"，字体为宋体、11 号。

（4）设置坐标轴的标题。将"主要横坐标轴标题"设置成"坐标轴下方标题"，标题内容为"基金类别"，字体为宋体、10 号；将"主要纵坐标轴标题"设置成"旋转过的标题"，标题内容为"净现值"，字体为宋体、10 号。

（5）设置图表绘图区的格式。右击图表绘图区，在弹出的快捷菜单里选择"设置绘图区格式"命令，选择图表绘图区的"边框颜色"为"实线"。

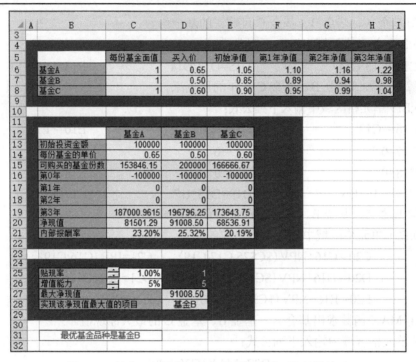

图 6-19　基金 A、基金 B、基金 C 投资模型的计算结果

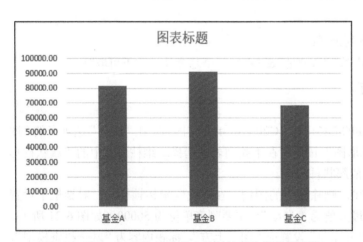

图 6-20　基金 A、基金 B 和基金 C 的净现值簇状柱形图

图 6-21　设置纵坐标轴的格式

（6）添加数据标签及设置数据标签格式。右击基金 A、基金 B、基金 C 任意一列数据，在弹出的快捷菜单中选择"添加数据标签"命令；右击基金 A、基金 B、基金 C 任意一列数据，在弹出的快捷菜单中选择"设置数据系列格式"，选择"边框颜色"为"实线"。选中基金 A，右击，选择"设置数据点格式"命令，将"填充"设置成"图案填充"，选择"浅色上对角线"；选中基金 B，右击，将"填充"设置成"图案填充"，选择"小棋盘"；选中基金 C，右击，将"填充"设置成"图案填充"，选择"小网格"。

　　(7)添加 5 个文本框控件及两个数值微调按钮，并设置相应的数据。将图表、微调框、文本框组合，最终基金投资模型如图 6-22 所示。

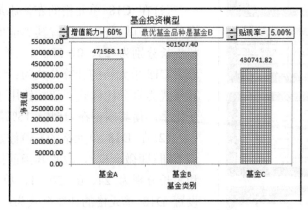

图 6-22　基金投资模型

实验 6.5　金融投资(外汇)决策模型

【实验目的】

1．了解外汇投资的概念。
2．掌握使用 NPV 函数计算净现值。
3．掌握使用 MAX 函数、IF 函数找出最优的投资方案。
4．掌握使用数值调节钮(窗体控件)调整贴现率和外汇汇率。
5．培养学生用选择思维的方式建立外汇投资评价模型。

【实验内容】

　　假定现有两个外汇品种(美元、欧元)可供投资，某投资者现有 60 万元人民币。美元市场价为每 100 美元可兑换 610 元人民币，欧元市场价为每 100 欧元可兑换 815 元人民币。若投资者只考虑 3 年的投资期，在投资期内一直持有相应外汇，假定汇率的年变化率在–15%～15%范围内变化，投资者使用的基准货币是人民币，其贴现率在 1%～8%范围内变化时，利用模型给出这两个外汇中最优的投资品种。

【操作步骤】

　　1．外汇投资模型框架。
　　根据题目的相关要求构建一个框架 B5:D30，输入相关数据至该框架中，如图 6-23 所示。
　　2．计算可购买的外汇数量。
　　在 C13:D14 单元格区域中输入下列公式：

　　　　C13=D6　　　　　　　　　　　　D13=D7
　　　　C14=C12/C13*100　　　　　　　D14=D12/D13*100

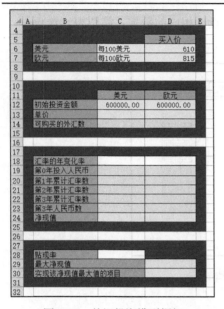

图 6-23　外汇投资模型框架

计算结果如图 6-24 所示。

3．添加调整汇率年变化率的微调框。

（1）在 C18 单元格的左侧添加一个窗体控件数值调节钮（即微调框），设置其当前值、最小值、最大值和步长分别为 25、0、30、1，单元格链接为$C$17。设置 C18 单元格的计算公式为：=(C17−15)/100，设置其格式为百分比样式。该按钮用于调整美元汇率的年变化率，使其固定在−15%～15%范围内。

（2）在 D18 单元格的左侧添加一个窗体控件数值调节钮（即微调框），设置其当前值、最小值、最大值和步长分别为 24、0、30、1，单元格链接为$D$17。设置 D18 单元格的计算公式为：=(D17−15)/100，设置其格式为百分比样式。该按钮用于调整欧元汇率的年变化率，使其固定在-15%～15%范围内。

微调框的设置结果如图 6-25 所示。

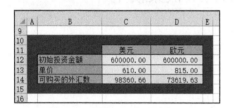

图 6-24　可以购买的外汇数量

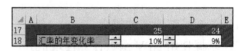

图 6-25　微调框的设置结果

4．输入外汇投资额的现金流。

在 C19:D23 单元格区域输入下列计算公式：

C19=−C12	D19=−D12
C20=C13*(1+C18)	D20=D13*(1+D18)
C21=C20*(1+$C$18)	D21=D20*(1+$D$18)
C22=C21*(1+$C$18)	D22=D21*(1+$D$18)
C23=C14*C22/100	D23=D14*D22/100

5．计算两种外汇投资方案的净现值。

在 C24:D24 单元格区域中输入下列公式：

$$C24=C19+NPV(\$C\$28,0,0,C23)$$
$$D24=D19+NPV(\$C\$28,0,0,D23)$$

现金流和净现值的计算结果如图 6-26 所示。

6．添加调整贴现率的微调框。

在 C28 单元格的左侧添加一个数值调节钮窗体控件（即微调框），设置其当前值、最小值、最大值和步长分别为 1、1、8、1，单元格链接为$D$28。设置 C28 单元格的计算公式为：=D28/100，设置其格式为

	A	B	C	D	E
19		第0年投入人民币	−600000.00	−600000.00	
20		第1年累计汇率数	671.00	888.35	
21		第2年累计汇率数	738.10	968.30	
22		第3年累计汇率数	811.91	1055.45	
23		第3年人民币数	798600.00	777017.40	
24		净现值	175113.29	154165.43	
25					
26					

图 6-26　现金流和净现值的计算结果

百分比样式。该按钮用于调整贴现率，使其在 1%～8%范围内变化。

7．计算投资项目的最大净现值和利用相关函数选择实现该净现值为最大值的项目名称。

（1）利用 MAX 函数计算最大净现值，在 D29 单元格中输入公式：=MAX（C24:D24）。

（2）利用 INDEX 函数和 MATCH 函数求实现该净现值最大值的项目名称。在 D30 单元格中输入公式：=INDEX（C11:D11,MATCH（D29,C24:D24,0））。

8．利用 IF 条件函数给出投资的结论。

在 B33 单元格中输入下列公式：

B33=IF（D29>0,"最优外汇品种是" & D30,"两个外汇品种均不可取"）

设置 B33 单元格的字符颜色为红色，边框为红色单线边框。

结果如图 6-27 所示。

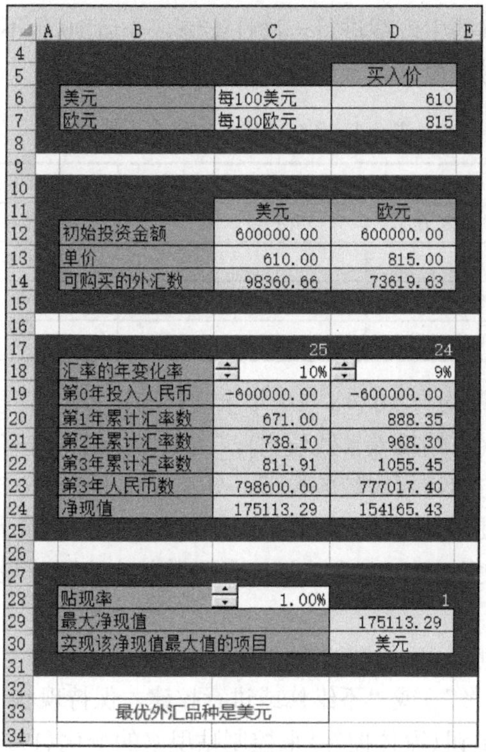

图 6-27　外汇投资模型

*实验 6.6　设备更新改造投资决策模型

【实验目的】

1．了解设备更新改造的投资决策模型，掌握设备更新改造投资决策的建模步骤。

2．掌握使用 NPV 函数计算各种扩建改造方案的净现值。

3．掌握使用 MAX 函数、IF 函数、INDEX 函数和 MATCH 函数找出最优的决策方案。

4．掌握使用数值调节钮（窗体控件）调整贴现率，观察贴现率的变化对决策结论的影响。

5．培养学生运用选择思维方式思考实际问题。

【实验内容】

根据发展的需要，东海化工厂准备对现有设备进行维修或进行扩建。有 3 种方案可供选择：

1．现在立即动用库存资金从国外引进一套全新的设备，使一车间的醋酸纤维的产能 10 年增加一倍。

2．第 1 年对一车间醋酸纤维的生产线进行维修检查、杜绝滴漏，使产能增加 50%，5 年后(第 6 年)进行第 2 次维修检查、更换主管道、消除潜在的安全隐患，使产能达到现在产能的一倍。

3．对一车间醋酸纤维的生产线进行一次性维修，今后 10 年不再继续维修。

这 3 种方案的有关数据(投入和预期收益)如表 6-1 所示。

表 6-1　3 个维修或扩建方案数据

方案	维修或扩建投入资金(万元)		维修或扩建后增加收入(万元)	
	现在维修或扩建	5 年后维修或扩建	前 5 年(每年)	后 5 年(每年)
购买新设备	850		140	140
分两次维修	200	700	60	140
一次性维修	500		100	100

3 种投资方案的有效期均为 10 年，10 年末项目的投资均有残值，公司使用的贴现率为 8%，残值率为 10%(残值=原始投入×残值率)，当年扩建当年就有收益。

1．建立一个对 3 种方案进行比较的模型，分别计算出 3 种方案的净现值与内部报酬率。

2．在一个单元格中使用 MAX 函数求出 3 种方案净现值的最大值。

3．在一个单元格中使用 INDEX 和 MATCH 函数找出净现值最大所对应的维修或进行扩建方案。

4．在一个单元格中使用 IF 函数给出"X 方案有利"(其中"X"为"购买新设备""分两次维修"或"一次性维修")或"不维修或进行扩建，保持现状"这样的结论。

5．插入一个数值调节钮(窗体控件)来控制贴现率的变化(1%～18%)，观察对维修或进行扩建方案的影响。

【操作步骤】

1．建立模型框架。

根据题意，在工作表的 C4:F6 单元格区域内输入已知的相应数据。在单元格 G4 内输入残值的计算公式"=(C4+D4)*C8"，在 G5 单元格内输入残值的计算公式"=(C5+D5)*C8"，在 G6 单元格内输入残值的计算公式"=(C6+D6)*C8"。

在 D8 和 D10 单元格分别输入 10 和 8；在 C8 和 C10 单元格分别输入公式"=D8/100"和"=D10/100"，并设置这两个单元的格式为百分比样式，结果如图 6-28 所示。

2．建立现金流量表，计算 3 种扩建改造方案的净现值和内部报酬率。

在 D17 单元格中输入公式"=-C4"；在 D18 单元格中输入公式"=$E$4"，并将该公式复制到 D19:D22 单元格区域；在 D23 单元格中输入公式 "=$F$4"，并将该公式复制到 D24:D26 单元格区域；在 D27 单元格中输入公式 "=F4+G4"；在 D28 单元格中输入公式 "=D17+NPV（$C$10,D18:D27）"。这样就可以计算出第 1 种购买新设备方案的净现值。

图 6-28　维修或扩建方案评价模型

在 E17 单元格中输入公式 "=-C5"；在 E18 单元格中输入公式 "=$E$5"，并将该公式复制到 E19:E22 单元格区域；在 E23 单元格中输入公式 "=F5-D5"；在 E24 单元格中输入公式 "=$F$5"，并将该公式复制到 E25:E26 单元格区域；在 E27 单元格中输入公式 "=F5+G5"；在 E28 单元格中输入公式 "=E17+NPV（$C$10,E18:E27）"。这样就可以计算出第 2 种分两次维修方案的净现值。

在 F17 单元格中输入公式 "=-C6"；在 F18 单元格中输入公式 "=$E$6"，并将该公式复制到 F19:F22 单元格区域；在 F23 单元格中输入公式 "=$F$6"，并将该公式复制到 F24:F26 单元格区域；在 F27 单元格中输入公式 "=F6+G6"；在 F28 单元格中输入公式 "=F17+NPV（$C$10, F18:F27）"。这样就可以计算出第 3 种一次性维修方案的净现值。

下面分别计算 3 种扩建改造方案的内部报酬率：在 D29 单元格中输入公式 "=IRR（D17:D27）"；在 E29 单元格中输入公式 "=IRR（E17:E27）"；在 F29 单元格中输入公式 "=IRR（F17:F27）"。

3 种维修或扩建改造方案的净现值和内部报酬率的计算结果如图 6-29 所示。

3. 找出 3 种扩建改造方案净现值的最大值及其实现最大净现值的方案。

在 D12 单元格中输入公式 "=MAX（D28:F28）"；在 D13 单元格中输入公式 "=INDEX（D16:F16,MATCH（D12,D28:F28,0））"，即利用 INDEX 函数和 MATCH 函数确定最大净现值所对应的维修或扩建改造方案。

图 6-29　3 种维修或扩建方案的净现值和内部报酬率

4．找出最优维修或扩建改造方案。

在单元格 D30 中输入公式“=IF(D12>0,D13 & "方案有利","不维修或进行扩建，保持现状")”，即利用 IF 函数确定最优维修或扩建改造方案。

5．添加控件。

插入调整贴现率的数值调节钮(窗体控件)，并设置它的最小值为 1，最大值为 18，单元格链接到 D10 单元格。通过贴现率的数值调节钮控件，观察贴现率的变化对维修或扩建改造方案选择的影响，最终结果如图 6-30 所示。

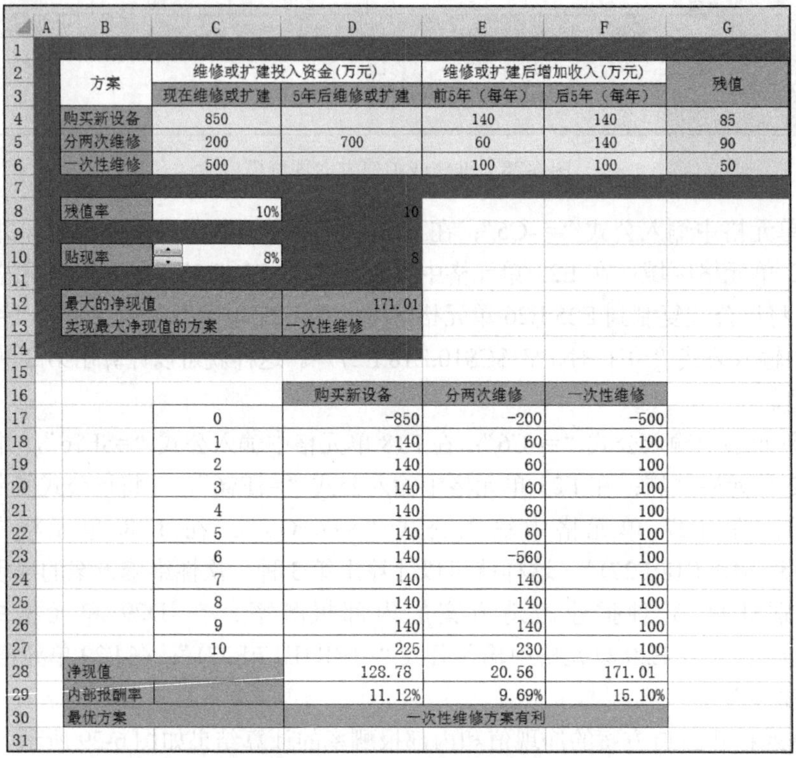

	A	B	C	D	E	F	G
1							
2		方案	维修或扩建投入资金(万元)		维修或扩建后增加收入(万元)		残值
3			现在维修或扩建	5年后维修或扩建	前5年（每年）	后5年（每年）	
4		购买新设备	850		140	140	85
5		分两次维修	200	700	60	140	90
6		一次性维修	500		100	100	50
7							
8		残值率	10%	10			
9							
10		贴现率	8%	8			
11							
12		最大的净现值		171.01			
13		实现最大净现值的方案		一次性维修			
14							
15							
16				购买新设备	分两次维修	一次性维修	
17			0	-850	-200	-500	
18			1	140	60	100	
19			2	140	60	100	
20			3	140	60	100	
21			4	140	60	100	
22			5	140	60	100	
23			6	140	-560	100	
24			7	140	140	100	
25			8	140	140	100	
26			9	140	140	100	
27			10	225	230	100	
28		净现值		128.78	20.56	171.01	
29		内部报酬率		11.12%	9.69%	15.10%	
30		最优方案		一次性维修方案有利			
31							

图 6-30　最优维修或扩建改造方案

第7章 经济订货量模型与成本管理思维

实验 7.1 经济订货量基本模型

【实验目的】

1. 理解经济订货量和各种成本的含义。
2. 掌握基本经济订货量模型中关于经济订货量、各种成本的计算公式。
3. 掌握使用模拟运算表计算不同订货量下的各种成本的方法。
4. 掌握绘制各种成本随订货量变化的曲线图形(带平滑线的散点图)的方法。
5. 掌握在图形中添加参考线的基本方法。
6. 掌握如何在图形中添加相应控件以控制相关量的变化。
7. 通过应用实例培养运用成本管理思维的习惯。

【实验内容】

利用 Excel 建立基本的经济订货量模型。假设某公司需要采购一种零件，全年需求量为20000件，假设每次订货的订货成本为500元，单件零件在仓库里储存一年的费用为30元。要求：

1. 计算当订货量为800时的年订货成本、年储存成本和年总成本。
2. 计算经济订货量(EOQ)和年总成本(订储成本)的极小值。
3. 当订货量从100按增量200变化到1900时，绘制出随订货量变化而变化的年订货成本、年储存成本、年总成本的曲线图表(带平滑线的散点图)。
4. 添加一个数值调节钮与一个横排文本框，用于动态调整每次订货的订货成本，调整可以使每次订货的订货成本从300按增量50变化到1000，同时图表中的各成本曲线也随之变动。
5. 在图表中添加一条经济订货量(EOQ)的动态垂直参考线，并显示年总成本极小值标记及其值(垂直参考线的最高点随运算表中的最高总成本的变化而变化)。
6. 图表及其他控件的格式设置及完成效果图如图 7-1 所示。

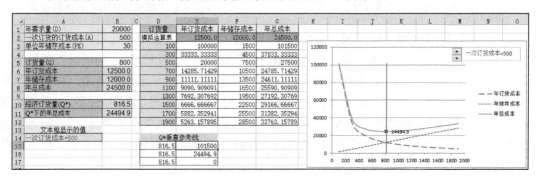

图 7-1 设置及完成效果图

【操作步骤】

1．打开工作簿文件"第 7 章实验指导书素材.xlsx"，选择"实验 7.1"工作表。该工作表中已经建立好了基本模型，并输入了已知条件信息，如图 7-2 所示。

	A	B	C	D	E	F	G
1	年需求量(D)	20000		订货量	年订货成本	年储存成本	年总成本
2	一次订货的订货成本(A)	500		模拟运算表			
3	单位年储存成本(PK)	30					
4							
5	订货量(Q)	800					
6	年订货成本						
7	年储存成本						
8	年总成本						
9							
10	经济订货量(Q*)						
11	Q*下的年总成本						
12							
13	文本框显示的值						
14				Q*垂直参考线			
15							
16							
17							

图 7-2　"实验 7.1"工作表

2．按照经济订货量基本模型的运算公式，在 B6:B8 单元格区域的相应单元格中分别输入计算当前订货量 Q 为 B5 单元格时的年订货成本、年储存成本、年总成本的公式；在 B10:B11 单元格区域的相应单元格中分别输入计算经济订货量及 Q^* 下的年总成本（年总成本的极小值）的公式，各计算公式如图 7-3 所示。

3．在 D1:G12 单元格区域中建立以订货量为自变量，以年订货成本、年储存成本、年总成本为因变量的一维模拟运算表。其中，D3:D12 单元格中输入 100 到 1900 以 200 为公差的等差数列（可以使用填充柄），填充后的数据如图 7-1 所示。在 E2:G2 单元格区域中相应成本的计算分别引用单元格 B6、B7、B8 中的公式，其公式分别为"=B6""=B7""=B8"。选中 D2:G12 单元格区域，单击"数据"选项卡的"预测"组中的"模拟分析"按钮，再单击菜单中的"模拟运算表"命令，在弹出的"模拟运算表"对话框中设置"输入引用列的单元格"为 B5 单元格，如图 7-4 所示。单击"确定"按钮完成各成本的计算。

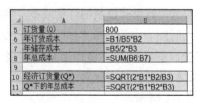

图 7-3　相关运算的计算公式　　　　　图 7-4　"模拟运算表"对话框设置

4．先选中 D1:G1 单元格区域，再按住 Ctrl 键不放选中 D3:G12 单元格区域，选择"插入"选项卡的"图表"组中的"带平滑线的散点图"按钮，就可以以选中的区域为数据源，绘制出带平滑线的散点图。选中图表中需要修改的"年订货成本"系列，右击，在快捷菜单中单击"设置数据系列格式"命令，在弹出的对话框中选择 ◇ 按钮（填充与线条），设置短划线类型为"长划线"；类似地，修改"年储存成本"系列的短划线类型为"方点"。删除图表标题和水平轴主要网络线，再把图例显示改为"右侧"。设置水平轴的坐标轴格式，把主要单位改为 200，绘制的图表如图 7-5 所示。

5．在工作表空白处添加一个数值调节钮控件与一个横排文本框控件，右击数值调节钮，在快捷菜单中选择"设置控件格式"命令，打开"设置控件格式"对话框，如图 7-6 所示内容设置数值调节钮的控件属性，文本框的内容链接到 A14 单元格，在 A14 单元格中输入公式：="一次订货成本="&B2。为了防止图表遮挡控件，分别右击两个控件，在快捷菜单中选择"置于顶层"命令，最后将两个控件拖放到图表中的合适位置即可，如图 7-7 所示。

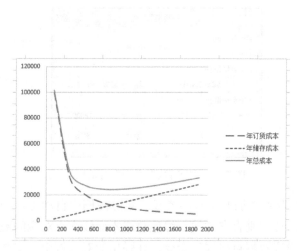

图 7-5　绘制各成本的图表

图 7-6　设置数值调节钮的控件属性

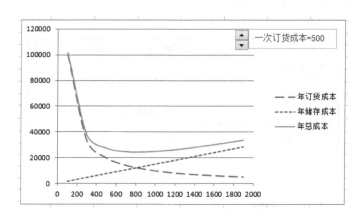

图 7-7　加入控件后的成本图表

6．添加垂直参考线前要先准备好垂直参考线上对应的点的数据，即在 D15:E17 单元格区域中输入其对应点的 X 和 Y 坐标值，其中 D 列为点的 X 值，E 列为点的 Y 值。因为希望垂直参考线是动态的，在图表中从底部开始，顶部与总成本同高，所以 E17 单元格的值设为参考线的最低点的 Y 值，即纵坐标轴的最小刻度 0；而 E15 单元格设为参考线的最高点的 Y 值，即总成本的最大值，使用公式"=MAX(G3:G12)"从运算表中动态获取；垂直参考线上的所有点的 X 坐标值都相等，都等于经济订货量，所以 D15:D17 单元格区域均引用经济订货量对应的 B10 单元格，而中间要显示的数据点表示垂直参考线与年总成本的交点，所以其 Y 值应该取 Q^{*} 下的年总成本 B11 单元格。各单元格中的公式或值如图 7-8 所示。

7．在图表中添加垂直参考线实际上是通过添加系列实现的。选中如图 7-7 所示的图表，单击"图表工具"中的"设计"选项卡,单击"数据"组中的"选择数据"按钮,弹出"选择数据源"对话框,单击"添加"按钮,在弹出的"编辑数据系列"对话框中把"X 轴系列值"设置为 D15:D17 单元格区域(可以使用鼠标拖动选择),把"Y 轴系列值"设置为 E15:E17单元格区域,"系列名称"缺省,如图 7-9 所示。单击"确定"按钮添加系列后,"选择数据源"对话框内容如图 7-10 所示。

	D	E
14	Q*垂直参考线	
15	=$B$10	=MAX(G3:G12)
16	=$B$10	=B11
17	=$B$10	0

图 7-8 垂直参考线各点数据公式

图 7-9 "编辑数据系列"对话框

8. 单击"确定"按钮,即可在图表中看到添加的垂直参考线。删除图例中自动出现的"系列 4"(两次单击它,按 Delete 键)。最后选中垂直参考线与绿色总成本曲线交点对应的数据点,右击数据点,在快捷菜单中选择"设置数据点格式"命令,在弹出的对话框中设置数据点的数据标记选项为"内置","类型"选为"方框";最后为数据点添加数据标签。设置完成后的图表如图 7-11 所示。

图 7-10 添加系列

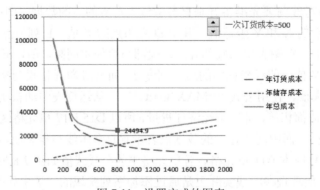

图 7-11 设置完成的图表

9．至此，所有操作均已完成，可以通过数值调节钮尝试调整一次订货的订货成本，查看不同订货成本下各成本及经济订货量的变化情况。最终的完成效果图如图 7-1 所示。

10．保存工作簿。

实验 7.2　带阈限值折扣优惠的经济订货量模型

【实验目的】

1．理解折扣阈限值的含义。

2．进一步巩固经济订货量基本模型中关于经济订货量、各种成本的运算公式。

3．掌握带阈限值折扣优惠的经济订货量模型求解总成本最小值的方法。

4．掌握在图表中添加水平参考线的方法。

5．通过应用实例，增强成本意识，并能应用于问题的解决过程中。

【实验内容】

某公司每年需要一种配件 10000 件，每次订货费用为 400 元，每件配件的存储费用为 20 元。假定供货单位提供给公司的折扣优惠政策为：每次订货量大于或等于 1500 件(折扣阈限值)，则每件的采购单价在原价的基础上可以享受 8% 的优惠折扣。请依据带阈限值折扣优惠下的经济订货量模型，判断在经济订货量(不采用折扣)订货和折扣阈限值订货两种方式中，选择哪一种订货方式可以使总成本最小。要求：

1．以折扣阈限值作为实际订货量，计算"实际采购单价"的值，并求出其年订货成本、年储存成本、年采购成本和年总成本(年总成本=年采购成本+年订货成本+年储存成本)。

2．根据经济订货量基本模型计算经济订货量及其对应的年订货成本、年储存成本、年采购成本和年总成本。

3．在 F1:G15 单元格区域的运算表中，使用模拟运算表计算订货量从 100 变化到 3000 时各订货量下的年总成本的值。

4．绘制出能反映当订货量变化时的年总成本的曲线图表(带平滑线的散点图)，要求图表总成本系列曲线在折扣阈限值处有陡降效果。

5．在图形中使用数值调节钮与文本框控制单价折扣率值从 5% 按增量 1% 变化到 15%，要求 C2 单元格中的单价折扣率随数值调节钮的调整同步变化，图表中的成本曲线也自动随之变动。

6．在图表中添加一条能反映年总成本最小值的红色水平参考线，并在参考线上添加年总成本极小值的参考点(数据标记为红色空心透明圆形、大小为 6 磅)，并添加数据标签以显示该点的数据值。

7．在图形中添加一个文本框显示最终的订货决策：是采用经济订货量还是接受折扣优惠，才能使总成本最小。

8．上述未提及的图表及其控件的格式设置参照完成效果图(图 7-12)来完成。

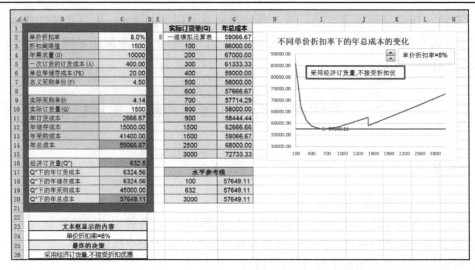

图 7-12　完成效果图

【操作步骤】

1. 打开工作簿文件"第 7 章实验指导书素材.xlsx",选择"实验 7.2"工作表,该工作表中已经建立好了模型,并输入了已知条件信息,如图 7-13 所示。

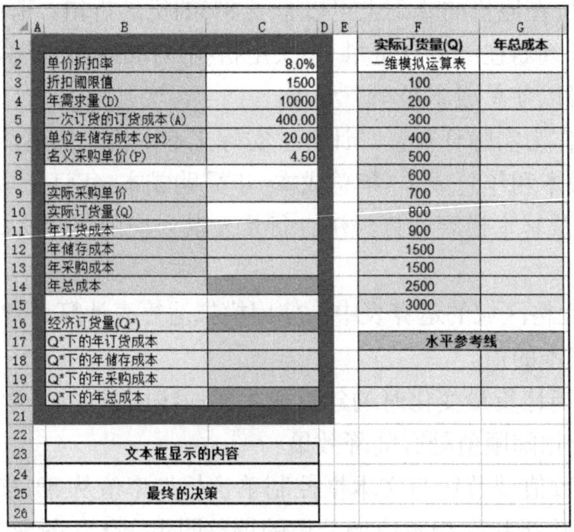

图 7-13　"实验 7.2"工作表

2. 按照带阈限值折扣优惠的经济订货量模型的计算方法,使用公式来计算实际采购单价 C9 单元格的值,按照各成本的计算公式在 C11:C14 单元格区域的相应单元格中分别计算年订货成本、年储存成本、年采购成本和年总成本。按照经济订货量基本模型公式在 C16:C20 单元格区域的相应单元格中分别计算经济订货量 Q^* 及 Q^* 下的年订货成本、年储存成本、年采购成本和年总成本。各单元格的计算公式如图 7-14 所示。

3. 在 F1:G15 单元格区域中建立以订货量为自变量,以年总成本为因变量的一维模拟运算表。各订货量的取值构建好了,其中需要注意的是,为了实现成本在折扣阈限值处的陡降效果，F12 和 F13 单元格中关于折扣阈限值的处理方式。G2 单元格中关于年总成本的计算引用单元格 C14 中的计算公式，其公式为"=C14"。选中 F2:G15 单元格区域，单击"数据"选项卡的"预测"组中的"模拟分析"按钮，再单击菜单中的"模拟运算表"命令，在弹出的"模拟运算表"对话框中设置"输入引用列的单元格"为 C10 单元格，如图 7-15 所示。单击"确定"按钮完成总成本的计算。

A	B	C	D
9	实际采购单价	=IF(C10>=C3,C7*(1-C2),C7)	
10	实际订货量(Q)	=C3	
11	年订货成本	=C4*C5/C10	
12	年储存成本	=C6*C10/2	
13	年采购成本	=C4*C9	
14	年总成本	=SUM(C11:C13)	
15			
16	经济订货量(Q*)	=SQRT(2*C4*C5/C6)	
17	Q*下的年订货成本	=C4*C5/C16	
18	Q*下的年储存成本	=C6*C16/2	
19	Q*下的年采购成本	=C4*IF(C16>=C3,C7*(1-C2),C7)	
20	Q*下的年总成本	=SUM(C17:C19)	
21			

图 7-14 相关单元格的计算公式

图 7-15 "模拟运算表"对话框

4. 先选中标题 F1:G1 单元格区域，再按住 Ctrl 键不放选中 F3:G15 单元格区域，然后选择"插入"选项卡的"图表"组中的"带平滑线的散点图"按钮，以模拟运算表中的数据为数据源，绘制带平滑线的散点图。单击选中垂直坐标轴，右击，在快捷菜单中选择"设置坐标轴格式"命令，在弹出的对话框中，设置最大值为 90000，最小值为 50000，主要单位为 5000，如图 7-16 所示。类似设置水平坐标轴的刻度单位：最大值为 3000，最小值为 100，主要单位为 300。

5. 选中绘制的成本曲线（"年总成本"系列），右击，在快捷菜单中选择"设置数据系列格式"命令，在弹出的对话框中选择 按钮(填充与线条)，去除最底部的"平滑线"复选框中的"√"，以实现总成本曲线的陡降效果，如图 7-17 所示。

图 7-16 "设置坐标轴格式"对话框

图 7-17 "设置数据系列格式"对话框

6. 设置图表中的"图表标题"为"不同单价折扣率下的年总成本的变化",设置文本标题"加粗",删除"水平轴主要网格线"。绘制好的图表如图 7-18 所示。

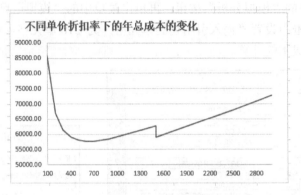

图 7-18　绘制的图表

7. 在工作表的空白处添加一个数值调节钮,设置数值调节钮的控件属性如图 7-19 所示。在 C2 单元格中输入公式"=E2%"。在数值调节钮的右边添加一个横排文本框,文本框的内容链接到 B24 单元格,而 B24 单元格中输入公式"="单价折扣率="&TEXT(C2,"0%")"来动态地显示当前设置的单价折扣率提示信息。

图 7-19　数值调节钮的控件属性设置

8. B26 单元格的值显示的是最终的决策内容,通过 IF 函数对比两种方法求出的总成本的大小,总成本小者为可行方案。在 B26 单元格中输入公式"=IF(C20<=C14,"采用经济订货量,不接受折扣优惠","接受折扣优惠,不采用经济订货量")"。在工作表的空白处再添加一个横排文本框用于显示决策结果,文本框的内容链接到 B26 单元格,设置文本框的形状格式,线条的宽度设置为 2.5 磅,线条颜色为"黑色",复合类型设置为"双线"。为了防止图表遮挡控件,分别右击数据调节钮和两个文本框控件,在快捷菜单中选择"置于顶层",最后将 3 个控件拖放到图表中的合适位置即可,如图 7-12 所示。

9. 在图表中添加水平参考线前要先准备好水平参考线上对应的点的数据，即在 F18:G20 单元格区域中输入其对应点的 X 和 Y 坐标值，其中 F 列为点的 X 值，G 列为点的 Y 值。因为希望水平参考线在图中从左划到右，所以 F18 单元格的值设为参考线的最左边数据点的 X 值，即水平坐标轴的最小刻度 100；而 F20 单元格设为参考线的最右边数据点的 X 值，即水平坐标轴的最大刻度 3000；水平参考线上的所有点的 Y 坐标值都相等，都等于年总成本的极小值，而极小值可能取在折扣阈值下的年总成本或是 Q^* 下的年总成本，也就是对应 C14 和 C20 单元格中的最小值，因此其公式为 "=MIN($C$14,$C$20)"。而中间数据点的 X 值 F19 单元格则代表年总成本极小值时所对应的订货量，其值要根据总成本极小值的取值情况来动态地选择为折扣阈值或 Q^*。各数据点单元格中的公式或值如图 7-20 所示。

10. 在图表中添加水平参考线实际上是通过添加系列实现的，其操作可参考实验 7.1 中垂直参考线的添加方法，在此就不赘述了。最后选中水平参考线与总成本曲线交点对应的数据点，按要求设置数据点格式，并为其添加数据标签。关于数据点的操作也类似于实验 7.1，在此也不赘述了。

图 7-20　水平参考线各数据点中的公式或值

至此，所有操作均已完成，可以通过数值调节钮尝试调整单价折扣率，查看不同单价折扣率下总成本及最优订货决策的变化情况。最终完成的效果图如图 7-12 所示。

11. 保存工作簿。

*实验 7.3　非连续价格折扣优惠的经济订货量模型

【实验目的】

1. 理解非连续价格折扣优惠的含义。
2. 掌握非连续价格折扣优惠的经济订货量模型求解最优订货量的方法。
3. 通过应用实例培养成本管理思维能力。

【实验内容】

某公司每年需要一种零件 25000 件，每次订货费用为 700 元，存储费用是零件单价的 15%。供货商规定：凡一次性购买零件数在 2000 件以下的，零件价格为 10 元/件；一次性购买零件数在 2000 件或 2000 件以上，但在 4000 件以下的，所购零件的整体价格为 9 元/件；一次性购买零件数在 4000 件或 4000 件以上，但在 6000 件以下的，所购零件的整体价格为 8 元/件；一次性购买零件数在 6000 件或 6000 件以上的，所购零件的整体价格为 7 元/件。问该公司应该如何订货才能保证总存货费用最小？

要求：

1. 假设订货量为 2000 时，计算"实际采购单价"的值，并求出其年总存货费用（年总存货费用=年采购费用+年订货费用+年储存费用）。

2. 根据基本的经济订货量模型，求不同单价折扣价下的经济订货量，判断各经济订货量是否有效，并求有效经济订货量（Q^*）下对应的总存货费用 C。求解不同折扣起点批量下的总存货费用 C'，并求出 C 和 C'的最小值及其对应的订货量。

3．求出无需求限制的最优订货量。

4．绘制出能随订货量变化而变化的年总成本的曲线图形，要求绘制带平滑线散点图。

5．在图形中使用数值调节钮与文本框控制年存储费率（K）值从 10% 按增量 1% 变化到 15%，并修改 B9 单元格的内容，使之随控件同步变化，图形中的成本曲线也随之变动。

6．在图形中添加一条最优订货量下的垂直参考线，并对总成本极小值进行标记且显示其值。

【操作步骤】

1．打开工作簿文件"第 7 章实验指导书素材.xlsx"，选择"实验 7.3（拓展）"工作表，该工作表中已经建立好了模型，并输入了已知条件信息，如图 7-21 所示。

	A	B	C	D	E	F	G	H
1	订货量(Q)	配件单价折扣价(P)						
2	1	10						
3	2000	9						
4	4000	8						
5	6000	7						
6								
7	年需求量(件)(D)	25000						
8	每次订货费用(A)	700						
9	年存储费率(K)	15%						
10								
11	订货量(Q)	2000						
12	对应的配件单价折扣价							
13	总存货费用							
14								
15	订货量(Q)	配件单价折扣价(P)	不同单价折扣价下的经济订货量(Q*)	Q*是否有效	有效Q*下的总存货费用C	折扣起点批量下的总存货费用C'	C和C'的最小值	最小总存货费用对应的订货量
16	1	10						
17	2000	9						
18	4000	8						
19	6000	7						
20								
21	无需求量限制的最优订货量							
22								
23	文本框显示内容							
24								
25	最优订货量下的总存货费用垂直参考线							
26								
27								
28								

图 7-21　非连续价格折扣优惠经济订货量分析模型

2．使用 VLOOKUP 函数计算"实际采购单价"的值，并求出其年总存货费用，公式如图 7-22 所示。

	A	B
11	订货量(Q)	2000
12	对应的配件单价折扣价	=VLOOKUP(B11,A2:B5,2)
13	总存货费用	=B7*B12+B7/B11*B8+B11/2*B12*B9

图 7-22　相关单元格的计算公式(1)

3．按照非连续价格折扣优惠模型确定最优解的决策步骤，计算不同折扣价下的经济订货量，判断其有效性，并求出有效 Q^* 下的总存货费用 C，所有折扣起点批量下的总存货费用 C'，C 与 C'的最小值，最小值对应的订货量。相关单元格的计算公式如图 7-23 和图 7-24 所示。

	不同单价折扣价下的经济订货量(Q*)	Q*是否有效	有效Q*下的总存货费用C
14			
15			
16	=SQRT(2*$B$7*$B$8/(B2*$B$9))	=IF(AND(C16>=A2,C16<A3),"有效","无效")	=IF(D16="有效",$B$7*B16+$B$7/C16*$B$8+C16/2*B16*$B$9,"无效")
17	=SQRT(2*$B$7*$B$8/(B3*$B$9))	=IF(AND(C17>=A3,C17<A4),"有效","无效")	=IF(D17="有效",$B$7*B17+$B$7/C17*$B$8+C17/2*B17*$B$9,"无效")
18	=SQRT(2*$B$7*$B$8/(B4*$B$9))	=IF(AND(C18>=A4,C18<A5),"有效","无效")	=IF(D18="有效",$B$7*B18+$B$7/C18*$B$8+C18/2*B18*$B$9,"无效")
19	=SQRT(2*$B$7*$B$8/(B5*$B$9))	=IF(C19>=A5,"有效","无效")	=IF(D19="有效",$B$7*B19+$B$7/C19*$B$8+C19/2*B19*$B$9,"无效")

图 7-23　相关单元格的计算公式(2)

14			
15	**折扣起点批量下的总存货费用C'**	**C和C'的最小值**	**最小总存货费用对应的订货量**
16	=$B$7*B16+$B$7/A16*$B$8+A16/2*B16*$B$9	=IF(D16="有效",MIN(E16:F16),F16)	=IF(G16=F16,A16,C16)
17	=$B$7*B17+$B$7/A17*$B$8+A17/2*B17*$B$9	=IF(D17="有效",MIN(E17:F17),F17)	=IF(G17=F17,A17,C17)
18	=$B$7*B18+$B$7/A18*$B$8+A18/2*B18*$B$9	=IF(D18="有效",MIN(E18:F18),F18)	=IF(G18=F18,A18,C18)
19	=$B$7*B19+$B$7/A19*$B$8+A19/2*B19*$B$9	=IF(D19="有效",MIN(E19:F19),F19)	=IF(G19=F19,A19,C19)

图 7-24 相关单元格的计算公式(3)

4．在 B21 单元格中求无需求限制的最优订货量的公式如下：

B21=INDEX(H16:H19,MATCH(MIN(G16:G19),G16:G19,0))

5．在 B30:C48 单元格区域中建立以订货量为自变量，以年总成本为因变量的一维模拟运算表，其中，C31 单元格引用单元格 B13 中的公式。模拟运算表中的结果如图 7-25 所示。

6．参照实验 7.1 中的操作，以模拟运算表中的统计数据为数据源，绘制带平滑线的散点图，并设置相关图表元素的格式。绘制的图形如图 7-26 所示。

	B	C
30	**订货量(Q)**	**总存货费用**
31	模拟运算表	**235100**
32	1000	268250
33	1500	262792
34	2000	235100
35	2500	233688
36	3000	232858
37	3500	232363
38	4000	206775
39	4500	206589
40	5000	206500
41	5500	206482
42	6000	181067
43	6300	181085
44	6600	181117
45	6900	181159
46	7200	181211
47	7500	181271
48	7800	181339

图 7-25 模拟运算表的结果

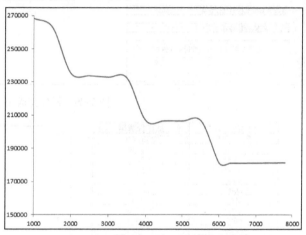

图 7-26 绘制的图形

7．在工作表中添加一个数值调节钮与一个横排文本框，设置数值调节钮的控件属性如图 7-27 所示。B9 单元格中输入公式为"=C9%"，文本框的内容链接到 B23 单元格，而 B23 单元格提供文本框中的显示内容，其公式如图 7-28 所示。

图 7-27 数值调节钮的控件属性设置

22		
23	**文本框显示内容**	=A9 & "=" & C9 & "%"
24		
25	**最优订货量下的总存货费用垂直参考线**	
26	=$B$21	270000
27	=$B$21	=MIN(G16:G19)
28	=$B$21	150000

图 7-28 文本框显示值的公式与参考线数据点公式

8. 在垂直参考线的数据点组 A26:B28 单元格区域中输入其对应点的 X、Y 坐标公式，如图 7-28 所示。参照实验 7.1 中的操作，在如图 7-26 所示的图表中添加上述垂直参考线的数据系列，并设置参考线数据点的格式，显示数据标记，添加数据标签。完成结果如图 7-29、图 7-30 所示。

	A	B	C	D	E	F	G	H
1	订货量(Q)	配件单价折扣价(P)						
2	1	10						
3	2000	9						
4	4000	8						
5	6000	7						
6								
7	年需求量(件)(D)	25000						
8	每次订货费用(A)	700						
9	年存储费率(K)	15%	15					
10								
11	订货量(Q)	2000						
12	对应的配件单价折扣价	9						
13	总存货费用	235100						
14								
15	订货量(Q)	配件单价折扣价(P)	不同单价折扣价下的经济订货量(Q*)	Q*是否有效	有效Q*下的总存货费用C	折扣起点批量下的总存货费用C'	C和C'的最小值	最小总存货费用对应的订货量
16	1	10	4830	无效	无效	17750001	17750001	1
17	2000	9	5092	无效	无效	235100	235100	2000
18	4000	8	5401	有效	206481	206775	206481	5401
19	6000	7	5774	无效	无效	181067	181067	6000
20								
21	无需求量限制的最优订货量	6000						
22								
23	文本框显示内容	年存储费率(K)=15%						
24								
25	最优订货量下的总存货费用垂直参考线							
26	6000	270000						
27	6000	181067						
28	6000	150000						

图 7-29 操作完成图(1)

订货量(Q)	总存货费用
模拟运算表	235100
1000	268250
1500	262792
2000	235100
2500	233688
3000	232858
3500	232363
4000	206775
4500	206589
5000	206500
5500	206482
6000	181067
6300	181085
6600	181117
6900	181159
7200	181211
7500	181271
7800	181339

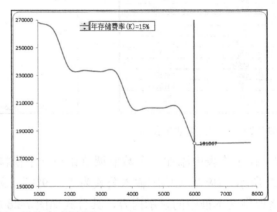

图 7-30 操作完成图(2)

9. 单击数值调节钮的上下按钮改变年存储费率，观察表格中值和图形的变化。

10. 保存工作簿。

*实验 7.4 连续价格折扣优惠的经济订货量模型

【实验目的】

1. 理解连续价格折扣优惠的含义。

2. 掌握连续价格折扣优惠的经济订货量模型求解最优订货量的方法。

3. 通过应用实例更深入地了解成本管理思维能力运用。

【实验内容】

某公司每年需要一种零件 100000 件，每次订货费用为 1000 元，存储费用是零件单价的 25%。供货商规定：凡一次性购买零件数在 20000 件以下的，零件价格为 100 元/件；一次性购买零件数在 20000 件或以上，但在 40000 件以下的，所购零件的价格为 90 元/件；一次性购买零件数在 40000 件或以上，但在 80000 件以下的，所购零件的价格为 85 元/件；一次性购买零件数在 80000 件或以上的，所购零件的整体价格为 80 元/件。问该公司应该如何订货才能保证总存货费用最小？

【操作步骤】

1. 打开工作簿文件"第 7 章实验指导书素材.xlsx"，选择"实验 7.4(拓展)"工作表，在工作表中已经建立了连续价格的折扣优惠模型，并在相应单元格中输入了已知的条件信息，如图 7-31 所示。

图 7-31　连续价格折扣优惠的经济订货量分析模型

2. 按照连续价格折扣优惠的经济订货量模型求解最优订货量的步骤，先按照教材中的公式(7-11)计算不同折扣区间价格下的中间量 M_i，存放在 C12:C15 单元格区域中，再按照教材中的公式(7-12)计算不同折扣区间价格下的经济订货量 EOQ_i，存放在 D12:D15 单元格区域中，并判断其有效性，存放在 E12:E15 单元格区域中。相关单元格中的公式如图 7-32 所示。

3. 参照教材中的公式(7-7)中的计算方法，计算出各折扣区间的折扣阈值前累计的采购费用及各 EOQ_i 下的采购费用，分别存放在 F12:F15 和 G12:G15 单元格区域中。相关单元格中的公式如图 7-33 所示。

	C	D	E
10			
11	不同折扣区间的中间量M_i	不同折扣区间的经济订货量(Q*)	Q*是否有效
12	0	=SQRT(2*$B$7*($B$8+C12)/(B12*$B$9))	=IF(AND(D12>=A12,D12<A13),"有效","无效")
13	=C12+(B12-B13)*(A13-1)	=SQRT(2*$B$7*($B$8+C13)/(B13*$B$9))	=IF(AND(D13>=A13,D13<A14),"有效","无效")
14	=C13+(B13-B14)*(A14-1)	=SQRT(2*$B$7*($B$8+C14)/(B14*$B$9))	=IF(AND(D14>=A14,D14<A15),"有效","无效")
15	=C14+(B14-B15)*(A15-1)	=SQRT(2*$B$7*($B$8+C15)/(B15*$B$9))	=IF(D15>=A15,"有效","无效")

图 7-32　相关单元格的计算公式(1)

4. 参照教材中的公式(7-8)中的计算方法，计算所有有效的 EOQ_i 下对应的订货平均价格，存放在 H12:H15 单元格区域中；参照教材中的公式(7-9)中的计算方法，计算所有有效的 EOQ_i 下对应的总存货费用 C_i，存放在 I12:I15 单元格区域中。相关单元格中的公式如图 7-34 所示。

	F	G
10		
11	折扣阈值前累计的采购费用	Q*下的采购费用
12	0	=F12+B12*(D12−(A12−1))
13	=F12+((A13−1)−(A12−1))*B12	=F13+B13*(D13−(A13−1))
14	=F13+((A14−1)−(A13−1))*B13	=F14+B14*(D14−(A14−1))
15	=F14+((A15−1)−(A14−1))*B14	=F15+B15*(D15−(A15−1))

图 7-33　相关单元格的计算公式(2)

	H	I
10		
11	平均订货单价	总存货费用
12	=IF(E12="有效",G12/D12,"无效")	=IF(E12="有效", $B$7*H12+$B$7/D12*$B$8+D12/2*H12*$B$9,"无效")
13	=IF(E13="有效",G13/D13,"无效")	=IF(E13="有效", $B$7*H13+$B$7/D13*$B$8+D13/2*H13*$B$9,"无效")
14	=IF(E14="有效",G14/D14,"无效")	=IF(E14="有效", $B$7*H14+$B$7/D14*$B$8+D14/2*H14*$B$9,"无效")
15	=IF(E15="有效",G15/D15,"无效")	=IF(E15="有效", $B$7*H15+$B$7/D15*$B$8+D15/2*H15*$B$9,"无效")

图 7-34　相关单元格的计算公式(3)

5. 在 B17 单元格中使用公式"=MIN(I12:I15)"求解所有有效的总存货费用 C_i 的最小值,即为整个模型总存货费用的极小值;在 B18 单元格中使用公式"=INDEX(D12:D15,MATCH(B17,I12:I15,0))"查找出总存货费用的极小值对应的经济订货量,即为整个模型的最优订货量。至此,所有操作均已完成,最终完成的效果图如图 7-35 所示。

	A	B	C	D	E	F	G	H	I
1	折扣起点批量(Q)	配件单价折扣价(P)							
2	1	100							
3	20000	90							
4	40000	85							
5	80000	80							
6									
7	年需求量(件)(D)	100000							
8	每次订货费用(A)	1000							
9	年存储费率(K)	25%							
10									
11	折扣起点批量(Q)	配件单价折扣价(P)	不同折扣区间的中间量Ii	不同折扣区间的经济订货量(Q*)	Q*是否有效	折扣阈值前累计的采购费用	Q*下的采购费用	平均订货单价	总存货费用
12	1	100	0	2828.43	有效	0.00	282842.71	100.00	10070710.68
13	20000	90	199990	42267.93	无效	1999900.00	4004103.56	无效	无效
14	40000	85	399985	61432.70	有效	3799900.00	5621764.39	91.51	9855442.97
15	80000	80	789980	89497.49	有效	7199900.00	7959778.88	88.94	9889947.22
16									
17	总存货费用的极小值	9855442.97							
18	订货量的最优解	61432.70							

图 7-35　完成的效果图

6. 保存工作簿。

第 8 章 最优化模型与最优化思维

实验 8.1 运 输 问 题

【实验目的】

1. 理解规划求解的概念。
2. 掌握在 Excel 中建立运输问题表格模型的方法。
3. 掌握利用规划求解工具求解运输问题的方法与步骤。
4. 逐步建立最优化思维的意识。

【实验内容】

某花生生产企业有 3 个仓库储存花生：仓库 1、仓库 2 和仓库 3，该企业长期向 3 家花生油生产厂(花生油厂 A、花生油厂 B 和花生油厂 C)供应花生。从 3 个仓库向 3 家花生油厂运送花生的单位运费、每个仓库的月储存量、各家花生油厂月需求量如表 8-1 所示。

请为该企业制订一个运输方案，合理安排各仓库到各花生油厂的运货量，使得总运费最低。

要求：将规划求解模型参数保存在从 A2 开始的单元格区域中。

表 8-1 单位运费、仓库月储存量和花生油厂月需求量

单位运费(元/吨)	花生油厂 A	花生油厂 B	花生油厂 C	储存量(吨)
仓库 1	70	60	30	300
仓库 2	60	80	20	280
仓库 3	65	70	40	310
需求量(吨)	250	320	290	

【操作步骤】

1. 根据表 8-1 中的数据建立相应的 Excel 模型，如图 8-1 所示。
2. 分析出模型中规划求解的 3 个基本要素，在需要计算的单元格中填写相应的公式。

题目是求解如何安排各仓库到各花生油厂的运货量，所以决策变量为各仓库向各花生油厂的具体运输方案，即 C8:E10 单元格区域。

F8 单元格的计算公式为：=SUM(C8:E8)

F9 单元格的计算公式为：=SUM(C9:E9)

F10 单元格的计算公式为：=SUM(C10:E10)

C11 单元格的计算公式为：=SUM(C8:C10)

D11 单元格的计算公式为：=SUM(D8:D10)

E11 单元格的计算公式为：=SUM（E8:E10）

目标变量为总运费，即 C13 单元格，其计算公式为：=SUMPRODUCT（C3:E5，C8:E10）。

	A	B	C	D	E	F	G	H
1								
2		单位运费（元/吨）	花生油厂A	花生油厂B	花生油厂C			
3		仓库1	70	60	30			
4		仓库2	60	80	20			
5		仓库3	65	70	40			
6								
7		运货量（吨）	花生油厂A	花生油厂B	花生油厂C	实际供应量（吨）	储存量（吨）	
8		仓库1					300	
9		仓库2					280	
10		仓库3					310	
11		收货量（吨）						
12		需求量（吨）	250	320	290			
13		总运费（元）						
14								

图 8-1　实验 8.1 的 Excel 模型

3．在 Excel 的"数据"选项卡的"分析"组中单击"规划求解"按钮，弹出"规划求解参数"对话框。

（1）在"设置目标"文本框中输入 C13 单元格地址，选择"最小值"。

（2）在"通过更改可变单元格"文本框中输入"C8:E10"。

（3）单击"添加"按钮，在"添加约束"对话框中添加以下约束条件：

①各仓库实际供应量不超过该仓库储存量。

F8:F10<=G8:G10

②各家花生油厂的收货量满足其需求量。

C11:E11=C12:E12

③运输量不能为负数。

C8:E10>=0

（4）在"选择求解方法"组合框中选择"单纯线性规划"求解方式。

实验 8.1 的参数设置如图 8-2 所示。

图 8-2　实验 8.1 的参数设置

4. 在"规划求解参数"对话框中单击"装
入/保存"按钮,在弹出的如图 8-3 所示的"装
入/保存模型"对话框中输入"A2",单击"保
存"按钮,返回"规划求解参数"对话框。

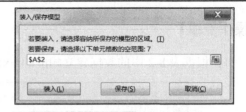

5. 单击"求解"按钮,得到如图 8-4 所示
的求解结果。

图 8-3　"装入/保存模型"对话框

	A	B	C	D	E	F	G	H
1								
2	41650	单位运费（元/吨）	花生油厂A	花生油厂B	花生油厂C			
3	9	仓库1	70	60	30			
4	TRUE	仓库2	60	80	20			
5	TRUE	仓库3	65	70	40			
6	TRUE							
7	32767	运货量（吨）	花生油厂A	花生油厂B	花生油厂C	实际供应量（吨）	储存量（吨）	
8	0	仓库1	0	300	0	300	300	
9		仓库2	0	0	280	280	280	
10		仓库3	250	20	10	280	310	
11		收货量（吨）	250	320	290			
12		需求量（吨）	250	320	290			
13		总运费（元）	41650					
14								

图 8-4　实验 8.1 的规划求解结果

实验 8.2　选 址 问 题

【实验目的】

1. 掌握在 Excel 中建立选址问题表格模型的方法。

2. 掌握利用规划求解工具求解选址问题的方法与步骤。

3. 注重思维角度、激活思维。

【实验内容】

某石油公司计划在某市建设加油站,目前有 6 个建设加油站的合适位置(A1～A6),每个
位置的预计建设费用和利润如表 8-2 所示。

建设加油站有以下几个条件。

条件 1:总建设费用不超过 450 万元。

条件 2:A2、A3、A4、A5 四个位置中最多选 2 个。

条件 3:A1、A2、A6 三个位置中最少选 1 个。

条件 4:A1、A4 两个位置中最多选 1 个。

问:在这 6 个位置中选择哪几个位置建设加油站,能使总利润最大?

要求:将规划求解模型参数保存在从 A2 开始的单元格区域中。

表 8-2　每个位置的预计建设费用和利润

位置 项目	A1	A2	A3	A4	A5	A6
建设费用(万元)	90	100	80	110	95	105
利润(万元)	50	60	55	70	65	75

【操作步骤】

1．根据表 8-2 中的数据建立相应的 Excel 模型，如图 8-5 所示。

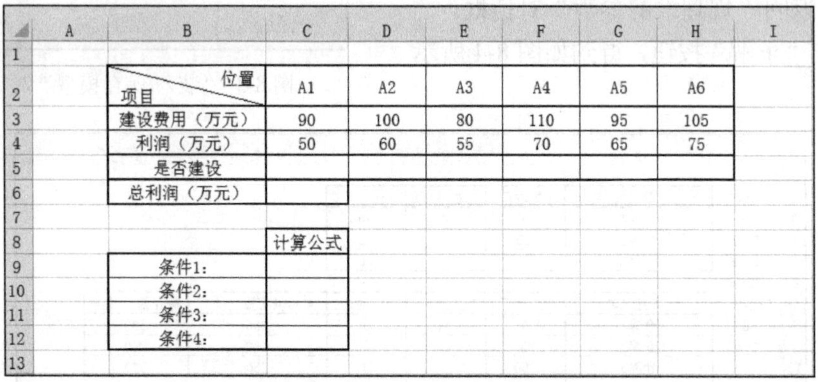

	A	B	C	D	E	F	G	H	I
1									
2		位置 项目	A1	A2	A3	A4	A5	A6	
3		建设费用（万元）	90	100	80	110	95	105	
4		利润（万元）	50	60	55	70	65	75	
5		是否建设							
6		总利润（万元）							
7									
8			计算公式						
9		条件1:							
10		条件2:							
11		条件3:							
12		条件4:							
13									

图 8-5　实验 8.2 的 Excel 模型

2．分析出模型中规划求解的 3 个基本要素，在需要计算的单元格中填写相应的公式。

题目是在这 6 个位置中选择哪几个位置建设加油站，所以决策变量是每个位置是否建设的具体方案，即 C5:H5 单元格区域。

①条件 1：

C9 单元格计算总的建设费用，公式为：=SUMPRODUCT(C3:H3,C5:H5)。

②条件 2：

C10 单元格计算 A2、A3、A4、A5 四个位置的建设数目总和，公式为：=SUM(D5: G5)。

③条件 3：

C11 单元格计算 A1、A2、A6 三个位置的建设数目总和，公式为：=C5+ D5+H5。

④条件 4：

C12 单元格计算 A1、A4 两个位置的建设数目总和，公式为：=C5+F5。

目标变量为总利润，即 C6 单元格，其计算公式为：=SUMPRODUCT(C4:H4,C5: H5)。

3．在 Excel 的“数据”选项卡的“分析”组中单击“规划求解”按钮，弹出“规划求解参数”对话框。

(1) 在“设置目标”文本框中输入 C6 单元格地址，选择“最大值”。

(2) 在“通过更改可变单元格”文本框中输入“C5:H5”。

(3) 单击“添加”按钮，在“添加约束”对话框中添加以下约束条件：

①条件 1：总建设费用不超过 450 万元。

C9<=450

②条件 2：位置 A2、A3、A4、A5 四个位置中最多选 2 个。

C10<=2

③条件 3：位置 A1、A2、A6 三个位置中最少选 1 个。

C11>=1

④条件 4：位置 A1、A4 两个位置中最多选 1 个。

C12<=1

⑤条件 5：是否建设的求解结果总为 0 或 1。

C5:H5=二进制

(4) 在"选择求解方法"组合框中选择"单纯线性规划"求解方式。

实验 8.2 的参数设置如图 8-6 所示。

图 8-6　实验 8.2 的参数设置

4．在"规划求解参数"对话框中单击"装入/保存"按钮，在弹出的如图 8-7 所示的"装入/保存模型"对话框中输入"A2"，单击"保存"按钮，返回"规划求解参数"对话框。

5．单击"求解"按钮，得到如图 8-8 所示的求解结果。

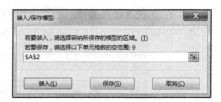

图 8-7　"装入/保存模型"对话框（一）

	位置 项目	A1	A2	A3	A4	A5	A6
250							
6	建设费用（万元）	90	100	80	110	95	105
TRUE	利润（万元）	50	60	55	70	65	75
TRUE	是否投资	1	1	0	0	1	1
TRUE	总利润（万元）	250					
TRUE							
TRUE		计算公式					
32767	条件1：	390					
0	条件2：	2					
	条件3：	3					
	条件4：	1					

图 8-8　实验 8.2 的规划求解结果

实验 8.3　指 派 问 题

【实验目的】

1．掌握在 Excel 中建立指派问题表格模型的方法。

2．掌握利用规划求解工具求解指派问题的方法与步骤。

3．培养学生思维的灵活性。

【实验内容】

某研究所接收到 5 项开发任务(任务 1～任务 5)，现研究所中有 4 位开发人员(甲、乙、丙、丁)适合这 5 项任务的开发工作。由于每位人员的开发能力不同，甲和丁最多只能承担一项任务；乙最多可以承担两项任务；丙的开发能力较强，最多可以承担 3 项任务。每一个任务只能由一位开发人员承担。每位开发人员开发不同任务所需的开发成本如表 8-3 所示。

问：如何为 5 个任务分配开发人员，才能使总开发成本最低？

要求：将规划求解模型参数保存在从 A2 开始的单元格区域中。

表 8-3　每位开发人员开发不同任务所需的开发成本

开发成本(万元)	任务 1	任务 2	任务 3	任务 4	任务 5
甲	8	10	7	6	9
乙	9	8	9	10	8
丙	10	9	8	7	8
丁	7	9	7	8	10

【操作步骤】

1．根据表 8-3 中的数据建立相应的 Excel 模型，如图 8-9 所示。

2．分析出模型中规划求解的 3 个基本要素，在需要计算的单元格中填写相应的公式。

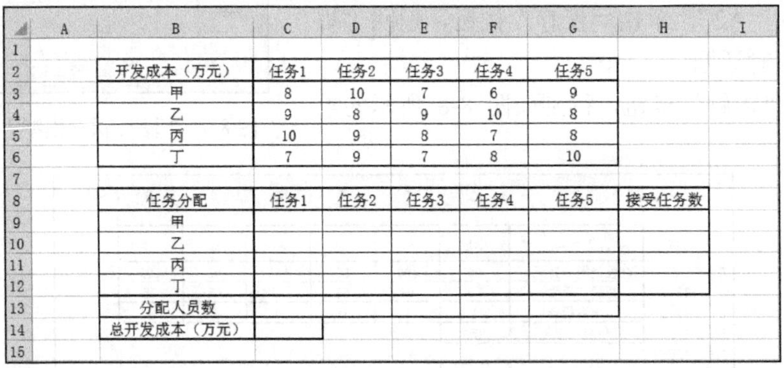

	A	B	C	D	E	F	G	H	I
1									
2		开发成本（万元）	任务1	任务2	任务3	任务4	任务5		
3		甲	8	10	7	6	9		
4		乙	9	8	9	10	8		
5		丙	10	9	8	7	8		
6		丁	7	9	7	8	10		
7									
8		任务分配	任务1	任务2	任务3	任务4	任务5	接受任务数	
9		甲							
10		乙							
11		丙							
12		丁							
13		分配人员数							
14		总开发成本（万元）							
15									

图 8-9　实验 8.3 的 Excel 模型

题目是如何为 5 个任务分配开发人员，所以决策变量是为每个任务分配哪一位开发人员，即 C9:G12 单元格区域。

H9 单元格计算公式为：=SUM(C9:G9)

H10 单元格计算公式为：=SUM(C10:G10)

H11 单元格计算公式为：=SUM(C11:G11)

H12 单元格计算公式为：=SUM(C12:G12)

C13 单元格计算公式为：=SUM(C9:C12)

D13 单元格计算公式为：=SUM(D9:D12)

E13 单元格计算公式为：=SUM（E9:E12）

F13 单元格计算公式为：=SUM（F9:F12）

G13 单元格计算公式为：=SUM（G9:G12）

目标变量为总开发成本，即 C14 单元格，其计算公式为：=SUMPRODUCT（C3:G6,C9:G12）。

3．在 Excel 的"数据"选项卡的"分析"组中单击"规划求解"按钮，弹出"规划求解参数"对话框。

（1）在"设置目标"文本框中输入 C14 单元格地址，选择"最小值"。

（2）在"通过更改可变单元格"文本框中输入"C9:G12"。

（3）单击"添加"按钮，在"添加约束"对话框中添加以下约束条件：

①甲最多只能承担一项任务。

H9<=1

②乙最多可以承担两项任务。

H10<=2

③丙的开发能力较强，最多可以承担 3 项任务。

H11<=3

④丁最多只能承担一项任务。

H12<=1

⑤每一个任务只能由一位开发人员承担。

C13:G13=1

⑥为每一项任务分配开发人员的结果数据总是为 0 或 1。

C9:G12 =二进制

（4）在"选择求解方法"组合框中选择"单纯线性规划"求解方式。

实验 8.3 的参数设置如图 8-10 所示。

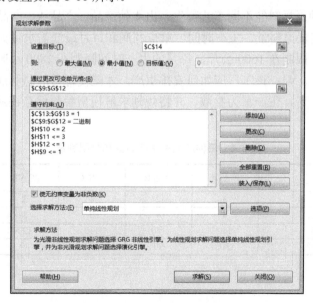

图 8-10　实验 8.3 的参数设置

图 8-11 "装入/保存模型"对话框

4．在"规划求解参数"对话框中单击"装入/保存"按钮，在弹出的如图 8-11 所示的"装入/保存模型"对话框中输入"A2"，单击"保存"按钮，返回"规划求解参数"对话框。

5．单击"求解"按钮，得到如图 8-12 所示的规划求解结果。

	A	B	C	D	E	F	G	H	I
1									
2	37	开发成本（万元）	任务1	任务2	任务3	任务4	任务5		
3	20	甲	8	10	7	6	9		
4	TRUE	乙	9	8	9	10	8		
5	TRUE	丙	10	8	7	8			
6	TRUE	丁	7	9	7	8	10		
7	TRUE								
8	TRUE	任务分配	任务1	任务2	任务3	任务4	任务5	接受任务数	
9	TRUE	甲	0	0	0	1	0	1	
10	32767	乙	0	1	0	0	0	1	
11	0	丙	0	0	1	0	1	2	
12		丁	1	0	0	0	0	1	
13		分配人员数	1	1	1	1	1		
14		总开发成本（万元）	37						
15									

图 8-12　实验 8.3 的规划求解结果

实验 8.4　生 产 问 题

【实验目的】

1．掌握在 Excel 中建立生产问题表格模型的方法。
2．掌握利用规划求解工具求解生产问题的方法与步骤。
3．提高最优化思维的能力。

【实验内容】

某工厂利用一种原材料经不同工艺可生产出 4 种产品：产品 A、产品 B、产品 C 和产品 D，这 4 种产品的消耗原料量、生产时间、单位利润和每月最低需求量如表 8-4 所示。该工厂每月的原料供应量限制在 1600 公斤，每月的生产时间限制在 1800 小时。假设该工厂生产的产品都能销售出去。问：该工厂应如何安排生产，才能使每月的总利润最大？

要求：安排生产时，生产量为整数，并将规划求解模型参数保存在从 A2 开始的单元格区域中。

表 8-4　每种产品的生产数据和月限制量

产品 项目	产品 A	产品 B	产品 C	产品 D	月限制量
消耗原料量(公斤/件)	3	2	4	3	1600(公斤)
生产时间(小时/件)	4	4	3	3	1800(小时)
单位利润(元/件)	150	140	130	120	
每月最低需求量(件)	80	90	100	80	

【操作步骤】

1．根据表 8-4 中的数据建立相应的 Excel 模型，如图 8-13 所示。

2．分析出模型中规划求解的 3 个基本要素，在需要计算的单元格中填写相应的公式。

题目求解该工厂的生产安排计划，所以决策变量是每种产品每月计划生产多少件，即 C7:F7 单元格区域。

	A	B	C	D	E	F	G	H	I
1									
2		项目 产品	产品A	产品B	产品C	产品D	月实际消耗量	月限制量	
3		消耗原料量（公斤/件）	3	2	3	3		1600	
4		生产时间（小时/件）	4	4	3	3		1800	
5		单位利润（元/件）	150	140	130	120			
6		每月最低需求量（件）	80	90	100	80			
7		生产安排（件）							
8		每月总利润（元）							
9									

图 8-13　实验 8.4 的 Excel 模型

G3 单元格计算公式为：=SUMPRODUCT（C3:F3,C7:F7）

G4 单元格计算公式为：=SUMPRODUCT（C4:F4,C7:F7）

目标变量为总利润，即 C8 单元格，其计算公式为：=SUMPRODUCT（C5:F5, C7:F7）。

3．在 Excel 的"数据"选项卡的"分析"组中单击"规划求解"按钮，弹出"规划求解参数"对话框。

(1) 在"设置目标"文本框中输入 C8 单元格地址，选择"最大值"。

(2) 在"通过更改可变单元格"文本框中输入"C7:F7"。

(3) 单击"添加"按钮，在"添加约束"对话框中添加以下约束条件：

①每月消耗的总的原料量和生产时间不超出限制值。

G3:G4<=H3:H4

②每种产品每月的生产量不小于该产品每月的最低需求量。

C7:F7>=C6:F6

③每月的生产安排量为整数。

C7:F7=整数

(4) 在"选择求解方法"组合框中选择"单纯线性规划"求解方式。

实验 8.4 的参数设置如图 8-14 所示。

图 8-14　实验 8.4 的参数设置

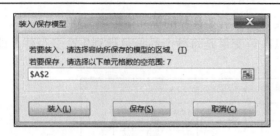

图 8-15 "装入/保存模型"对话框(二)

4．在"规划求解参数"对话框中单击"装入/保存"按钮，在弹出的如图 8-15 所示的"装入/保存模型"对话框中输入"A2"，单击"保存"按钮，返回"规划求解参数"对话框。

5．单击"求解"按钮，得到如图 8-16 所示的规划求解结果。

	A	B	C	D	E	F	G	H	I
1									
2	70000	项目 ＼ 产品	产品A	产品B	产品C	产品D	月实际消耗量	月限制量	
3	4	消耗原料量（公斤/件）	3	2	4	3	1600	1600	
4	TRUE	生产时间（小时/件）	4	4	3	3	1800	1800	
5	TRUE	单位利润（元/件）	150	140	130	120			
6	TRUE	每月最低需求量（件）	80	90	100	80			
7	32767	生产安排（件）	180	90	160	80			
8	0	每月总利润（元）	70000						
9									

图 8-16 实验 8.4 的规划求解结果

实验 8.5 原料配比问题

【实验目的】

1．掌握在 Excel 中建立原料配比问题表格模型的方法。

2．掌握利用规划求解工具求解原料配比问题的方法与步骤。

3．提高运用最优化思维的能力。

【实验内容】

某电子垃圾回收处理企业从回收的废旧电脑主板、手机废料和废旧家用电器等电子垃圾中提炼金、银等金属，每吨各种电子垃圾中金、银的提炼量和各种电子垃圾的价格如表 8-5 所示。现需要提炼出金属金 40000 克和金属银 90000 克，该企业应如何购买各种电子垃圾，才能在正好满足需求量的基础上使总费用最小？

要求：各种电子垃圾的采购量为整数，并将规划求解模型参数保存在从 A2 开始的单元格区域中。

表 8-5 每种电子垃圾的提炼量和价格及金银需求量

提炼量(克/吨)	电脑主板	手机废料	家用电器	需求量(克)
金	400	300	200	40000
银	500	800	1000	90000
电子垃圾价格(万元/吨)	4	3.5	3	

【操作步骤】

1．根据表 8-5 中的数据建立相应的 Excel 模型，如图 8-17 所示。

2．分析出模型中规划求解的 3 个基本要素，在需要计算的单元格中填写相应的公式。

	A	B	C	D	E	F	G	H
1								
2		提炼量（克/吨）	电脑主板	手机废料	家用电器	实际提供量（克）	需求量（克）	
3		金	400	300	200		40000	
4		银	500	800	1000		90000	
5		电子垃圾价格（万元/吨）	4	3.5	3			
6		电子垃圾采购量（吨）						
7		总费用（万元）						
8								

图 8-17 实验 8.5 的 Excel 模型

题目求解该企业最佳的原料购买方案，所以决策变量是各种电子垃圾的采购量，即 C6:E6 单元格区域。

F3 单元格计算公式为：=SUMPRODUCT（$C$6:$E$6,C3:E3）

F4 单元格计算公式为：=SUMPRODUCT（$C$6:$E$6,C4:E4）

目标变量为总费用，即 C7 单元格，其计算公式为：=SUMPRODUCT（C6:E6, C5:E5）。

3．在 Excel 的"数据"选项卡的"分析"组中单击"规划求解"按钮，弹出"规划求解参数"对话框。

(1)在"设置目标"文本框中输入 C7 单元格地址，选择"最小值"。

(2)在"通过更改可变单元格"文本框中输入"C6:E6"。

(3)单击"添加"按钮，在"添加约束"对话框中添加以下约束条件：

①各种电子垃圾的采购量为整数。

C6:E6=整数

②每种金属实际提供量等于需求量。

F3:F4=G3:G4

(4)选中"使无约束变量为非负数"复选框。

(5)在"选择求解方法"组合框中选择"单纯线性规划"求解方式。

实验 8.5 的参数设置如图 8-18 所示。

图 8-18 实验 8.5 的参数设置

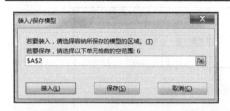

图 8-19 "装入/保存模型"对话框(三)

4．在"规划求解参数"对话框中单击"装入/保存"按钮，在弹出的如图 8-19 所示的"装入/保存模型"对话框中输入 A2，单击"保存"按钮，返回"规划求解参数"对话框。

5．单击"求解"按钮，得到如图 8-20 所示的规划求解结果。

	A	B	C	D	E	F	G	H
1								
2	448	提炼量（克/吨）	电脑主板	手机废料	家用电器	实际提供量（克）	需求量（克）	
3	3	金	400	300	200	40000	40000	
4	TRUE	银	500	800	1000	90000	90000	
5	TRUE	电子垃圾价格（万元/吨）	4	3.5	3			
6	32767	电子垃圾采购量（吨）	36	80	8			
7	0	总费用（万元）	448					
8								

图 8-20　实验 8.5 的规划求解结果

*实验 8.6　非线性规划问题

【实验目的】

1．掌握在 Excel 中建立原料配比问题表格模型的方法。

2．掌握利用规划求解工具求解原料配比问题的方法与步骤。

3．拓展思维空间，培养创新思维的意识。

【实验内容】

某工厂利用石灰石、砂岩、铝矾土和铁矿石为原料生产两种产品(产品 1 和产品 2)，生产两种产品对这 4 种原料的单位用量及 4 种原料的可用量如表 8-6 所示。已知，产品 1 的单位毛利润为 247 元，产品 2 的单位毛利润为 228 元。设产品 1 的日产量为 x，则产品 1 的销售成本为 $3x^2+5x$；设产品 2 的日产量为 y，则产品 2 的销售成本为 $2y^2+8y$。

问：如何安排两种产品的日产量，才能使两种产品总的净利润最大？要求日产量为整数（单位：吨）。

表 8-6　原料单位用量和原料可用量

单位用量	石灰石	砂岩	铝矾土	铁矿石
产品 1	13	6	5	3
产品 2	15	5	6	4
原料可用量	850	360	320	248

【操作步骤】

1．根据表 8-6 中的数据及题目要求，建立相应的 Excel 模型，如图 8-21 所示。

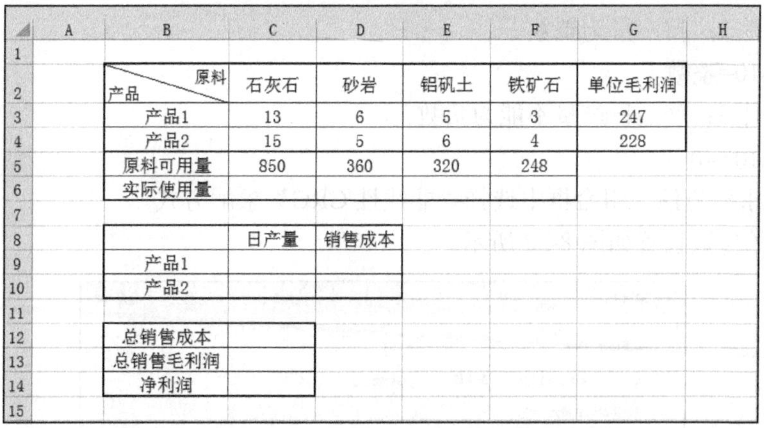

	A	B	C	D	E	F	G	H
1								
2		原料 / 产品	石灰石	砂岩	铝矾土	铁矿石	单位毛利润	
3		产品1	13	6	5	3	247	
4		产品2	15	5	6	4	228	
5		原料可用量	850	360	320	248		
6		实际使用量						
7								
8			日产量	销售成本				
9		产品1						
10		产品2						
11								
12		总销售成本						
13		总销售毛利润						
14		净利润						
15								

图 8-21　实验 8.6 的 Excel 模型

其中，B2:F4 单元格区域表示生产两种产品对 4 种原料的单位用量，C5:F5 单元格区域表示 4 种原料的可用量，G3:G4 单元格区域表示生产两种产品的单位毛利润，C9:C10 单元格区域表示两种产品的日产量，D9:D10 单元格区域表示两种产品日产量对应的销售成本，C12 单元格表示两种产品的总销售成本，C13 单元格表示两种产品的总销售毛利润，C14 单元格表示生产两种产品净利润。

2．分析出模型中规划求解的 3 个基本要素，在需要计算的单元格中填写相应的公式。

题目是要给出两种产品每天的生产安排，所以决策变量为两种产品的日产量，即 C9:C10 单元格区域。

C7 单元格的计算公式为：=SUMPRODUCT(C3:C4,$C$9:$C$10)

D7 单元格的计算公式为：=SUMPRODUCT(D3:D4,$C$9:$C$10)

E7 单元格的计算公式为：=SUMPRODUCT(E3:E4,$C$9:$C$10)

F7 单元格的计算公式为：=SUMPRODUCT(F3:F4,$C$9:$C$10)

3．根据题目描述“设产品 1 的日产量为 x，则产品 1 的销售成本为 $3x^2+5x$”，所以产品 1 的销售成本 D9 单元格的计算公式为：=3*C9^2+5*C9。

根据题目描述“设产品 2 的日产量为 y，则产品 2 的销售成本为 $2y^2+8y$”，所以产品 2 的销售成本 D10 单元格的计算公式为：=2*C10^2+8*C10。

总销售成本 C12 单元格的计算公式为：=D9+D10

总销售毛利润 C13 单元格的计算公式为：=SUMPRODUCT(G3:G4,C9:C10)

目标变量为两种产品的净利润，即 C14 单元格，净利润为总销售毛利润减去总销售成本，所以，C14 单元格的计算公式为：=C13–C12。

4．在 Excel 的“数据”选项卡的“分析”组中单击“规划求解”按钮，弹出“规划求解参数”对话框。

在“设置目标”文本框中输入“C14”单元格地址，选择“最大值”。

在“通过更改可变单元格”文本框中输入“$C$9:$C$10”。

单击“添加”按钮，在“添加约束”对话框中添加以下约束条件。

①约束条件 1：原料实际使用量小于等于原料可用量。

$C$6:$F$6<= $C$5:$F$5

②约束条件 2：日产量为整数。

$C$9:$C$10=整数

③约束条件 3：产品日产量不能为负数。

$C$9:$C$10>=0

在"选择求解方法"组合框中选择"非线性 GRG"求解方式。

实验 8.6 的参数设置如图 8-22 所示。

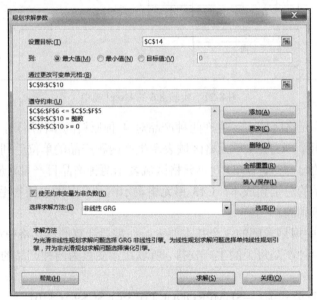

图 8-22　实验 8.6 的参数设置

5．单击"求解"按钮，得到如图 8-23 所示的规划求解结果。

原料 产品	石灰石	砂岩	铝矾土	铁矿石	单位毛利润
产品1	13	6	5	4	247
产品2	15	5	6	3	228
原料可用量	850	360	320	248	
实际使用量	814	318	320	204	

	日产量	销售成本
产品1	28	2492
产品2	30	2040

总销售成本	4532
总销售毛利润	13756
净利润	9224

图 8-23　实验 8.6 的规划求解结果

根据规划求解结果可知，在题目已知的条件下，当产品 1 日产量为 28 吨、产品 2 日产量为 30 吨时，可获得最大的净利润。

最优化问题包括线性规划问题和非线性规划问题，这两类问题都可以通过最优化思维方法，在当前已有的约束条件下，找到最优的解决方案。

第9章 时间序列预测与逻辑思维

实验 9.1 移动平均预测模型

【实验目的】

1. 理解移动平均预测法的概念。
2. 掌握在 Excel 中建立移动平均预测模型的方法。
3. 掌握求解最优移动平均跨度的方法。
4. 掌握从实际数据到数学理论模型、计算机模型的逻辑思维方法。

【实验内容】

某生产企业记录了 2014 年 1 月~2015 年 6 月的月产量的数据，如表 9-1 所示。现企业的生产管理者要对该企业的生产情况进行评估，需要把握产品产量变化的总体趋势，因而需要对 2015 年 7 月的产量进行预测。

要求：

1. 以 5 个月为跨度，使用移动平均法预测该企业 2015 年 7 月的产量。
2. 求解进行移动平均预测时的最优跨度。

表 9-1 某企业 2014 年 1 月~2015 年 6 月的月产量数据

月份	产量	月份	产量	月份	产量
2014 年 1 月	11307	2014 年 7 月	11302	2015 年 1 月	9038
2014 年 2 月	9826	2014 年 8 月	3415	2015 年 2 月	14256
2014 年 3 月	11776	2014 年 9 月	7253	2015 年 3 月	7612
2014 年 4 月	9117	2014 年 10 月	14828	2015 年 4 月	12968
2014 年 5 月	5146	2014 年 11 月	5311	2015 年 5 月	9236
2014 年 6 月	17841	2014 年 12 月	13480	2015 年 6 月	12014

【操作步骤】

方法 1：使用 Excel 的"移动平均"分析工具进行预测。

1. 新建一个工作表，将表 9-1 的数据输入到工作表的 A1:B19 单元格区域中，并在 A20 单元格中输入"2015 年 7 月"，即建立如图 9-1 所示的 Excel 电子表格模型。

2. 绘制该企业 2014 年 1 月至 2015 年 6 月的产量折线图(带数据标记的折线图)，并添加线性趋势线，如图 9-2 所示。具体操作如下：

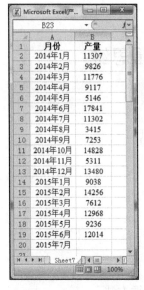

图 9-1　某企业 2014 年 1 月至 2015 年
　　　　6 月的月产量原始数据

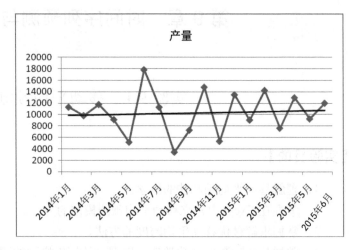

图 9-2　某企业 2014 年 1 月至 2015 年 6 月的产量折线图

(1)选中 A1:B19 单元格区域,在"插入"选项卡的"图表"组中单击"折线图"按钮,在打开的下拉列表中选择图表类型:带数据标记的折线图。

(2)选中该折线图,在"图表工具"选项卡的"分析"组单击"趋势线"按钮,在打开的下拉列表中选择趋势线类型"线性趋势线"。

3．由图 9-2 可知,该企业 18 个月的月产量的时间序列数据的趋势线为近似水平线,说明此时间序列数据无趋势成分和季节成分,可以应用移动平均法或指数平滑法进行数据预测。

本实验给定的原始数据为月度数据,建议采用移动平均预测法。

4．在 C1 和 D1 单元格中分别输入"产量移动平均预测值""标准误差"。

5．调用 Excel 的移动平均分析工具。

(1)在"数据"选项卡的"分析"组中选择"数据分析",打开"数据分析"对话框。

(2)在该对话框中选择"移动平均",如图 9-3 所示。单击"确定"按钮,打开"移动平均"对话框。

6．在此对话框中做如下设置,如图 9-4 所示。

图 9-3　"数据分析"对话框

图 9-4　"移动平均"对话框及参数设置

(1)"输入区域"中输入或选择 B2:B19 单元格区域。

(2)"间隔"中输入 5(即移动平均跨度为 5)。

(3)在"输出区域"中输入 C3 单元格,并勾选"标准误差"复选框,单击"确定"按钮后,即可得到如图 9-5 所示的预测结果。

由此可得,该企业 2015 年 7 月的产量预测值为 11217。

方法 2:应用手动输入移动平均预测计算公式进行预测。

1. 新建一个工作表,将表 9-1 的数据输入到工作表的 A1:B19 单元格区域中。

2. 分别在 A20、C1、D1 和 E1 单元格中输入"2015 年 7 月""产量移动平均预测值(方法一)""产量移动平均预测值(方法二)""产量移动平均预测值(方法三)"。

3. 可使用以下 3 种方法之一计算移动平均预测值。

(1)使用 AVERAGE 函数计算预测值。

根据移动平均跨度为 5,在 C7 单元格中输入公式:=AVERAGE(B2:B6),并使用填充柄复制到 C8:C20 单元格区域。

(2)使用 SUM 和 COUNT 函数计算预测值。

根据移动平均跨度为 5,在 D7 单元格中输入公式:=SUM(B2:B6)/COUNT(B2:B6),并使用填充柄复制到 D8:D20 单元格区域。

(3)使用简单公式计算预测值。

根据移动平均跨度为 5,在 E7 单元格中输入公式:=(B2+B3+B4+B5+B6)/5,并使用填充柄复制到 E8:E20 单元格区域。

以上操作的计算结果如图 9-6 所示。可见,应用移动平均预测值计算公式进行计算的方法有多种,可依据问题的不同要求采用相应的方法。

	A	B	C	D
1	月份	产量	产量移动平均预测值	标准误差
2	2014年1月	11307		
3	2014年2月	9826	#N/A	#N/A
4	2014年3月	11776	#N/A	#N/A
5	2014年4月	9117	#N/A	#N/A
6	2014年5月	5146	#N/A	#N/A
7	2014年6月	17841	9434	#N/A
8	2014年7月	11302	10741	#N/A
9	2014年8月	3415	11036	#N/A
10	2014年9月	7253	9364	#N/A
11	2014年10月	14828	8991	4632.012638
12	2014年11月	5311	10928	4562.843376
13	2014年12月	13480	8422	3560.098916
14	2015年1月	9038	8858	4115.073835
15	2015年2月	14256	9982	3167.710551
16	2015年3月	7612	11383	3328.798101
17	2015年4月	12968	9939	3020.235513
18	2015年5月	9236	11471	2763.028521
19	2015年6月	12014	10622	1935.150419
20	2015年7月		11217	1921.903859

	A	B	C	D	E
1	月份	产量	产量移动平均预测值(方法一)	产量移动平均预测值(方法二)	产量移动平均预测值(方法三)
2	2014年1月	11307			
3	2014年2月	9826			
4	2014年3月	11776			
5	2014年4月	9117			
6	2014年5月	5146			
7	2014年6月	17841	9434	9434	9434
8	2014年7月	11302	10741	10741	10741
9	2014年8月	3415	11036	11036	11036
10	2014年9月	7253	9364	9364	9364
11	2014年10月	14828	8991	8991	8991
12	2014年11月	5311	10928	10928	10928
13	2014年12月	13480	8422	8422	8422
14	2015年1月	9038	8858	8858	8858
15	2015年2月	14256	9982	9982	9982
16	2015年3月	7612	11383	11383	11383
17	2015年4月	12968	9939	9939	9939
18	2015年5月	9236	11471	11471	11471
19	2015年6月	12014	10622	10622	10622
20	2015年7月		11217	11217	11217

图 9-5　使用"移动平均"分析工具的预测结果　　图 9-6　使用移动平均预测值计算公式的计算结果

方法 3:使用查表法求解最优移动平均跨度进行预测。

1. 新建一个工作表,在该工作表中的 A1 单元格中输入"序号",并在 A2:A20 单元格区域中依次输入 1,2,3,…,19。

2. 将表 9-1 中的数据输入到 B1:C19 单元格区域中,并在 B20 单元格和 D1 单元格中分别输入"2015 年 7 月"和"产品移动平均预测值"。

3．在 F2 和 F3 单元格中分别输入"移动平均跨度"和"均方误差(MSE)"；在 F5、F6 和 F7 单元格中依次分别输入"MSE 的极小值""查表法求解最优移动平均跨度"和"2015 年 7 月产量最优预测值"。

4．在 G2 单元格中输入数值 3，即先设定移动平均跨度的初始值为 3。

5．在 F9 和 F10 单元格中分别输入"一维模拟运算表求对应的 MSE"和"移动平均跨度"，并在 F11:F22 单元格区域中依次输入 2,3,4,…,17，即取移动平均跨度的值从 2 开始以步长 1 变化到 17。

以上步骤的操作所构建的 Excel 电子表格模型如图 9-7 所示。

	A	B	C	D	E	F	G
1	序号	月份	产量	产量移动平均预测值			
2	1	2014年1月	11307			移动平均跨度	3
3	2	2014年2月	9826			均方误差(MSE)	
4	3	2014年3月	11776				
5	4	2014年4月	9117			MSE的极小值	
6	5	2014年5月	5146			查表法求解最优移动平均跨度	
7	6	2014年6月	17841			2015年7月产量最优预测值	
8	7	2014年7月	11302				
9	8	2014年8月	3415			一维模拟运算表求对应的MSE	
10	9	2014年9月	7253			移动平均跨度	
11	10	2014年10月	14828			2	
12	11	2014年11月	5311			3	
13	12	2014年12月	13480			4	
14	13	2015年1月	9038			5	
15	14	2015年2月	14256			6	
16	15	2015年3月	7612			7	
17	16	2015年4月	12968			8	
18	17	2015年5月	9236			9	
19	18	2015年6月	12014			10	
20	19	2015年7月				11	
21						12	
22						13	
23						14	
24						15	
25						16	
26						17	

图 9-7　求解最优移动平均跨度的初始电子表格模型

6．计算移动平均跨度的初始值为 3 时的月产量预测值。

在 D2 单元格中输入公式： =IF(A2<=$G$2,"",AVERAGE(OFFSET(D2,-$G$2,-1,$G$2,1)))，并使用填充柄复制到 D3:D20 单元格区域，得到的计算结果如图 9-8 所示。

7．计算均方误差(MSE)。

在 G3 单元格中输入如下公式或数组公式：

$$G3=SUMXMY2(C2:C19,D2:D19)/COUNT(D2:D19)$$

或　　　　　　　　　{=AVERAGE(IF(D2:D19="","",(C2:C19-D2:D19)^2))}

8．建立一维模拟运算表，计算当移动平均跨度从 2 变化到 17 时对应的均方误差(MSE)的值。

(1)在 G10 单元格中输入公式：=G3。

(2)选中 F10:G22 单元格区域，并在"数据"选项卡的"数据工具"组中单击"模拟分析"按钮，在打开的下拉菜单中选择"模拟运算表"命令。

	A	B	C	D	E	F	G
1	序号	月份	产量	产量移动平均预测值			
2	1	2014年1月	11307			移动平均跨度	3
3	2	2014年2月	9826			均方误差(MSE)	
4	3	2014年3月	11776				
5	4	2014年4月	9117	10970		MSE的极小值	
6	5	2014年5月	5146	10240		查表法求解最优移动平均跨度	
7	6	2014年6月	17841	8680		2015年7月产量最优预测值	
8	7	2014年7月	11302	10701			
9	8	2014年8月	3415	11429		一维模拟运算表求对应的MSE	
10	9	2014年9月	7253	10853		移动平均跨度	
11	10	2014年10月	14828	7324		2	
12	11	2014年11月	5311	8499		3	
13	12	2014年12月	13480	9131		4	
14	13	2015年1月	9038	11207		5	
15	14	2015年2月	14256	9276		6	
16	15	2015年3月	7612	12258		7	
17	16	2015年4月	12968	10302		8	
18	17	2015年5月	9236	11612		9	
19	18	2015年6月	12014	9939		10	
20	19	2015年7月		11406		11	
21						12	
22						13	
23						14	
24						15	
25						16	
26						17	

图 9-8　移动平均跨度的初始值为 3 的计算结果

(3)在打开的"模拟运算表"对话框中设置"输入引用列的单元格"为 G2,如图 9-9 所示。单击"确定"按钮,即可得到模拟运算的结果。

图 9-9　"模拟运算表"对话框

9. 计算 MSE 的极小值,使用查表法求解最优移动平均跨度。

(1)计算 MSE 的极小值。在 G5 单元格中输入公式:=MIN(G11:G26)。

(2)使用查表法求解最优移动平均跨度。在 G6 单元格中输入如下公式:

G6=INDEX(F11:F26,MATCH(G5,G11:G26,0))

或

G6=INDEX(F11:F26,MATCH(MIN(G11:G26),G11:G26,0))

10. 由查表法得,最优移动平均跨度为 16。

依据此值,在 G7 单元格中输入公式:=AVERAGE(C4:C19)。由此得 2015 年 7 月的产量最优预测值为 10287。

以上步骤的计算结果如图 9-10 所示。

方法 4:使用规划求解法求解最优移动平均跨度进行预测。

1. 在 Excel 的工作表中建立如图 9-11 所示的电子表格模型。

2. 在 G2 单元格中输入初始移动平均跨度的值 3。在 D2 单元格中输入公式:=IF(A2<=$G$2,"",AVERAGE(OFFSET(D2, -$G$2,-1,$G$2,1))),并使用填充柄复制到 D3:D14 单元格区域。

3. 计算当移动平均跨度为 3 时,观测值与预测值的均方误差(MSE),公式有以下两种,取其一即可。在 G3 单元格中输入以下公式:

G3=SUMXMY2(C2:C13,D2:D13)/COUNT(D2:D13)

	A	B	C	D	E	F	G
1	序号	月份	产量	产量移动平均预测值			
2	1	2014年1月	11307			移动平均跨度	3
3	2	2014年2月	9826			均方误差(MSE)	22959513.03
4	3	2014年3月	11776				
5	4	2014年4月	9117	10970		MSE的极小值	2281950.61
6	5	2014年5月	5146	10240		查表法求解最优移动平均跨度	16
7	6	2014年6月	17841	8680		2015年7月产量最优预测值	10287
8	7	2014年7月	11302	10701			
9	8	2014年8月	3415	11429		一维模拟运算表求对应的MSE	
10	9	2014年9月	7253	10853		移动平均跨度	22959513.03
11	10	2014年10月	14828	7324		2	27354418.39
12	11	2014年11月	5311	8499		3	22959513.03
13	12	2014年12月	13480	9131		4	19296603.06
14	13	2015年1月	9038	11207		5	21026412.99
15	14	2015年2月	14256	9276		6	14565977.69
16	15	2015年3月	7612	12258		7	15917594.37
17	16	2015年4月	12968	10302		8	11384727.74
18	17	2015年5月	9236	11612		9	12156713.86
19	18	2015年6月	12014	9939		10	9934399.23
20	19	2015年7月		11406		11	7986739.55
21						12	6633743.50
22						13	7602513.17
23						14	5167375.05
24						15	4189398.34
25						16	2281950.61
26						17	3225630.79

图 9-10　求解最优移动平均跨度的计算结果

或者

$$\{=\text{AVERAGE}(\text{IF}(\text{D2:D13}="","",(\text{C2:C13}-\text{D2:D13})\char94 2))\}$$

	A	B	C	D	E	F	G
1	序号	月份	产量	产量移动平均预测值			
2	1	2014年1月	11307			移动平均跨度	3
3	2	2014年2月	9826			均方误差(MSE)	
4	3	2014年3月	11776				
5	4	2014年4月	9117			2015年7月产量最优预测值	
6	5	2014年5月	5146				
7	6	2014年6月	17841				
8	7	2014年7月	11302				
9	8	2014年8月	3415				
10	9	2014年9月	7253				
11	10	2014年10月	14828				
12	11	2014年11月	5311				
13	12	2014年12月	13480				
14	13	2015年1月	9038				
15	14	2015年2月	14256				
16	15	2015年3月	7612				
17	16	2015年4月	12968				
18	17	2015年5月	9236				
19	18	2015年6月	12014				
20	19	2015年7月					

图 9-11　规划求解法求解最优移动平均预测电子表格模型

4．使用规划求解工具计算最优移动平均跨度。

在"数据"选项卡的"分析"组中单击"规划求解"按钮，弹出"规划求解参数"对话框，如图 9-12 所示。

目标单元格选择 G3，可变单元格是 G2，条件为 G2>=2 同时满足 G2<=17，求解方法选择"演化"。单击"求解"按钮，计算结果如图 9-13 所示。

由规划求解所得结果知，本题最优移动平均跨度为 16，最小均方误差为 2281950.61。利用此值，在 G5 单元格中输入公式：=AVERAGE(C4:C19)或者=D19，即 2015 年 7 月产量的最优预测值为其前 16 个月的观测值的平均值。

以上操作完成后的最终结果如图 9-14 所示。

图 9-12　"规划求解参数"对话框

	A	B	C	D	E	F	G
1	序号	月份	产量	产量移动平均预测值			
2	1	2014年1月	11307			移动平均跨度	16
3	2	2014年2月	9826			均方误差(MSE)	2281950.61
4	3	2014年3月	11776				
5	4	2014年4月	9117			2015年7月产量最优预测值	
6	5	2014年5月	5146				
7	6	2014年6月	17841				
8	7	2014年7月	11302				
9	8	2014年8月	3415				
10	9	2014年9月	7253				
11	10	2014年10月	14828				
12	11	2014年11月	5311				
13	12	2014年12月	13480				
14	13	2015年1月	9038				
15	14	2015年2月	14256				
16	15	2015年3月	7612				
17	16	2015年4月	12968				
18	17	2015年5月	9236	10280			
19	18	2015年6月	12014	10150			
20	19	2015年7月		10287			

图 9-13　规划求解方法计算结果

	A	B	C	D	E	F	G
1	序号	月份	产量	产量移动平均预测值			
2	1	2014年1月	11307			移动平均跨度	16
3	2	2014年2月	9826			均方误差(MSE)	2281950.61
4	3	2014年3月	11776				
5	4	2014年4月	9117			2015年7月产量最优预测值	10287
6	5	2014年5月	5146				
7	6	2014年6月	17841				
8	7	2014年7月	11302				
9	8	2014年8月	3415				
10	9	2014年9月	7253				
11	10	2014年10月	14828				
12	11	2014年11月	5311				
13	12	2014年12月	13480				
14	13	2015年1月	9038				
15	14	2015年2月	14256				
16	15	2015年3月	7612				
17	16	2015年4月	12968				
18	17	2015年5月	9236	10280			
19	18	2015年6月	12014	10150			
20	19	2015年7月		10287			

图 9-14　规划求解方法最终计算结果

实验 9.2　指数平滑预测模型

【实验目的】

1. 理解指数平滑预测法的概念。
2. 掌握在 Excel 中建立指数平滑预测模型的方法。
3. 掌握求解最优指数平滑常数的方法。
4. 掌握从实际数据到数学理论模型、计算机模型的逻辑思维方法。

【实验内容】

表 9-2 记录了某餐饮连锁店从 1995～2014 年共 20 年的餐饮外卖的年销售量数据。该连锁店为更好地向广大客户提供优质的餐饮及服务，需对 2015 年的餐饮外卖的年销售量进行预测。

表 9-2　某餐饮连锁店 1995～2014 年餐饮外卖年销售量数据

年份	销售量(份)	年份	销售量(份)	年份	销售量(份)
1995 年	6511	2002 年	8144	2009 年	8345
1996 年	6802	2003 年	9102	2010 年	7361
1997 年	6314	2004 年	8703	2011 年	8631
1998 年	8752	2005 年	7106	2012 年	6872
1999 年	6701	2006 年	6827	2013 年	6538
2000 年	6652	2007 年	7155	2014 年	6821
2001 年	8613	2008 年	7837		

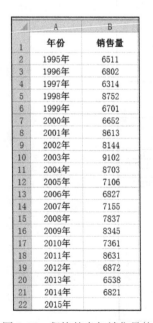

图 9-15　餐饮外卖年销售量的原始数据

要求：

1. 以 0.55 为指数平滑常数，使用指数平滑法预测该连锁店 2015 年餐饮外卖的销售量。

2. 求解进行指数平滑预测时的最优指数平滑常数。

【操作步骤】

方法 1：使用 Excel 的"指数平滑"分析工具进行预测。

1. 新建一个工作表，将表 9-2 的数据输入到工作表的 A1:B21 单元格区域中，在 A22 单元格中输入"2015 年"，建立如图 9-15 所示的 Excel 电子表格模型。

2. 绘制该连锁店 1995～2014 年共 20 年的餐饮外卖年销售量折线图(带数据标记的折线图)，并添加线性趋势线，如图 9-16 所示。

具体操作请参见实验 9.1 中使用 Excel 的"移动平均"分析工具进行预测的步骤 2。

3. 由图 9-16 可知，该连锁店 20 年的年销售量的时间序列数据的趋势线为近似水平线，说明此时间序列数据无趋势成分和季节成分，可以应用移动平均法或指数平滑法进行数据预测。

本实验给定的原始数据为年度数据，建议采用指数平滑预测法。

4．在 C1 和 D1 单元格中分别输入"销售量指数平滑预测值""标准误差"。

5．调用 Excel 的"指数平滑"分析工具。

(1)在"数据"选项卡的"分析"组中选择"数据分析"命令，打开"数据分析"对话框。

(2)在该对话框中选择"指数平滑"，单击"确定"按钮，打开"指数平滑"对话框，如图 9-17 所示。

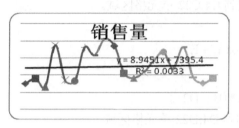

图 9-16 该连锁店 1995～2014 年餐饮外卖年销售量折线图　图 9-17 "指数平滑"对话框及参数设置

6．在此对话框中做如下设置：

(1)在"输入区域"中输入或选择 B2:B22 单元格区域。

(2)在"阻尼系数"中输入 0.45(注：指数平滑常数为 0.55，阻尼系数与指数平滑常数之和为 1)。

(3)在"输出区域"中输入 C2，并勾选"标准误差"复选框，单击"确定"按钮后，即可得到如图 9-18 所示的预测结果。

	A	B	C	D
1	年份	销售量	销售量指数平滑预测值	标准误差
2	1995年	6511	#N/A	#N/A
3	1996年	6802	6511	#N/A
4	1997年	6314	6671	#N/A
5	1998年	8752	6475	#N/A
6	1999年	6701	7727	1341.440301
7	2000年	6652	7163	1456.799811
8	2001年	8613	6882	1471.985054
9	2002年	8144	7834	1198.72973
10	2003年	9102	8004	1057.335683
11	2004年	8703	8608	1196.869453
12	2005年	7106	8660	660.7147281
13	2006年	6827	7805	1099.907029
14	2007年	7155	7267	1061.791714
15	2008年	7837	7206	1062.358015
16	2009年	8345	7553	675.4504231
17	2010年	7361	7989	588.4663055
18	2011年	8631	7643	688.0064587
19	2012年	6872	8187	815.8200334
20	2013年	6538	7464	1016.083262
21	2014年	6821	6955	1089.364137
22	2015年		6881	931.412378

图 9-18 使用"指数平滑"分析工具的预测结果

由此可得该连锁店 2015 年销售量预测值为 6881。

方法 2：应用手动输入指数平滑预测值计算公式进行预测。

1．新建一个工作表，将表 9-2 的数据输入到工作表的 A1:B21 单元格区域中。

2．分别在 A22、C1、D1 单元格中输入"2015 年""销售量指数平滑预测值（方法一）"
"销售量指数平滑预测值（方法二）"。

3．在 A24 和 B24 单元格中分别输入"指数平滑常数""=0.55"。

4．可使用以下两种方法之一计算销售量指数平滑预测值。

（1）使用如下变换式计算预测值：

$$F_{t+1} = \alpha Y_t + (1-\alpha)F_t$$

①在 C2 单元格中输入公式：=B2。

②在 C3 单元格中输入公式：=$B$24*B2+(1–$B24)*C2。

③使用填充柄将 C3 单元格中的公式复制到 C4:C22 单元格区域。

（2）使用如下变换式计算预测值：

$$F_{t+1} = F_t + \alpha(Y_t - F_t)$$

①在 D2 单元格中输入公式：=B2。

②在 D3 单元格中输入公式：=D2+$B$24*（B2–D2）。

③使用填充柄将 D3 单元格中的公式复制到 D4:D22 单元格区域。

以上操作的计算结果如图 9-19 所示。可见，指数平滑预测值计算公式的两种变换式的计
算是等价的，可依据问题的不同要求应用相应的变换式。

	A 年份	B 销售量	C 销售量指数平滑预测值（方法一）	D 销售量指数平滑预测值（方法二）
2	1995年	6511	6511	6511
3	1996年	6802	6511	6511
4	1997年	6314	6671	6671
5	1998年	8752	6475	6475
6	1999年	6701	7727	7727
7	2000年	6652	7163	7163
8	2001年	8613	6882	6882
9	2002年	8144	7834	7834
10	2003年	9102	8004	8004
11	2004年	8703	8608	8608
12	2005年	7106	8660	8660
13	2006年	6827	7805	7805
14	2007年	7155	7267	7267
15	2008年	7837	7206	7206
16	2009年	8345	7553	7553
17	2010年	7361	7989	7989
18	2011年	8631	7643	7643
19	2012年	6872	8187	8187
20	2013年	6538	7464	7464
21	2014年	6821	6955	6955
22	2015年		6881	6881
24	指数平滑常数=	0.55		

图 9-19 使用指数平滑预测值计算公式的计算结果

方法 3：使用查表法求解最优指数平滑常数进行预测。

1．新建一个工作表，将表 9-2 中的数据输入到 A1:B21 单元格区域中。

2．在 A22、C1 和 D1 单元格中分别输入"2015 年""销售量指数平滑预测值""查表法
最优预测值"。

3．在 F2 和 F3 单元格中分别输入"指数平滑常数""均方误差（MSE）"；在 F5、F6 和

F7 单元格中分别输入"MSE 的极小值""查表法求解最优指数平滑常数""2015 年销售量最优预测值"。

4．在 G2 单元格中输入数值 0.55，即先设定指数平滑常数的初始值为 0.55。

5．在 F9 和 F10 单元格中分别输入"一维模拟运算表求对应的 MSE""指数平滑常数"，并在 F11:F21 单元格区域中依次输入 0.10,0.15,0.20,…,0.60，即取指数平滑常数的值从 0.1 开始以步长 0.05 变化到 0.6。

6．计算指数平滑常数的初始值为 0.55 时的销售量预测值。

在 C2 单元格中输入公式：=B2，在 C3 单元格中输入公式：=$G$2*B2+(1-$G$2)*C2，并使用填充柄复制到 C4:C22 单元格区域。

7．查表法计算最优预测值。

在 D2 单元格中输入公式：=B2，在 D3 单元格中输入公式：=$G$6*B2+(1-$G$6)*D2，即假定最优指数平滑常数为 G6 单元格中的值(此时为空)，并使用填充柄复制到 D4:D22 单元格区域。

8．计算均方误差(MSE)。

在 G3 单元格中输入如下公式或数组公式：

G3=SUMXMY2(B2:B21,C2:C21)/COUNT(C2:C21)

或

{=AVERAGE((B2:B21-C2:C21)^2)}

9.建立一维模拟运算表,计算当指数平滑常数从 0.1 变化到 0.6 时对应的均方误差(MSE)的值。

(1)在 G10 单元格中输入公式：=G3。

(2)选中 F10:G21 单元格区域，并在"数据"选项卡的"数据工具"组中单击"模拟分析"按钮，在打开的下拉菜单中选"模拟运算表"命令。

(3)在打开的对话框中设置"输入引用列的单元格"为 G2，并单击"确定"按钮(图 9-9)，即可得到模拟运算的结果。

10．计算 MSE 的极小值，使用查表法求解最优指数平滑常数。

(1)计算 MSE 的极小值。在 G5 单元格中输入公式：=MIN(G11:G21)。

(2)使用查表法求解最优指数平滑常数。在 G6 单元格中输入如下公式：

G6=INDEX(F11:F21,MATCH(G5,G11:G21,0))

或

G6=INDEX(F11:F21,MATCH(MIN(G11:G21),G11:G21,0))

11．由查表法得，最优指数平滑常数为 0.35。此时在 D22 单元格中已依据此值及相关公式计算出 2015 年销售量最优预测值。

12．在 G7 单元格中输入公式：=D22，获取 2015 年销售量最优预测值为 7090。

以上操作的计算结果如图 9-20 所示。

方法 4：使用规划求解法求解最优平滑常数。

1．在 Excel 的工作表中建立如图 9-21 所示的电子表格模型。

2．因为平滑常数取值是 0 到 1 之间，为了简化计算设置规划求解的参数为整数，采取"变通"的方法进行设置：将 G2 单元格的内容修改为公式：=G2/100。

	年份	销售量	销售量指数 平滑预测值	查表法最 优预测值		
2	1995年	6511	6511	6511	指数平滑常数	0.55
3	1996年	6802	6511	6511	均方误差(MSE)	970135.73
4	1997年	6314	6671	6613		
5	1998年	8752	6475	6508	MSE的极小值	931372.31
6	1999年	6701	7727	7294	查表法求解最优指数平滑常数	0.35
7	2000年	6652	7163	7086	2015年销售量最优预测值	7090
8	2001年	8613	6882	6934		
9	2002年	8144	7834	7522	一维模拟运算表求解对应的MSE	
10	2003年	9102	8004	7740	指数平滑常数	970135.73
11	2004年	8703	8608	8216	0.10	1069329.66
12	2005年	7106	8660	8387	0.15	995171.96
13	2006年	6827	7805	7938	0.20	958699.66
14	2007年	7155	7267	7549	0.25	940103.10
15	2008年	7837	7206	7411	0.30	932146.42
16	2009年	8345	7553	7560	0.35	931372.31
17	2010年	7361	7989	7835	0.40	935776.01
18	2011年	8631	7643	7669	0.45	944126.59
19	2012年	6872	8187	8006	0.50	955701.61
20	2013年	6538	7464	7609	0.55	970135.73
21	2014年	6821	6955	7234	0.60	987314.01
22	2015年		6881	7090		

图 9-20　求解最优指数平滑常数的计算结果

3．在 C2 单元格中输入公式：=B2；在 C3 单元格中应用指数平滑预测值计算公式输入：=$F$2*B2+(1-$F$2)*C2，并使用填充柄复制到 C4:C22 单元格区域。此处假定最优指数平滑常数为 F2 单元格中的值。

4．计算指数平滑常数为 F2 的均方误差(MSE)，在 F3 单元格中输入公式或数组公式：

$$F3=SUMXMY2(B2:B21,C2:C21)/COUNT(C2:C21)$$

或

$$\{=AVERAGE((B2:B21-C2:C21)^2))\}$$

5．使用规划求解工具计算最优平滑常数。

在"数据"选项卡的"分析"组中单击"规划求解"按钮，弹出"规划求解参数"对话框，如图 9-22 所示。

图 9-21　规划求解法求解"指数平滑"预测电子表格模型

图 9-22　"规划求解参数"对话框

目标单元格选择 F3，可变单元格是 G2，条件为 G2 为整数，G2>=0 同时满足 G2<=100，求解方法选择"演化"。单击"求解"按钮，计算结果如图 9-23 所示。

	A	B	C	D	E	F	G
1	年份	销售量	销售量指数平滑预测值				
2	1995年	6511	6511		指数平滑常数	0.33	33
3	1996年	6802	6511		均方误差(MSE)	930969.82	
4	1997年	6314	6607				
5	1998年	8752	6510				
6	1999年	6701	7250		2015年销售量最优预测值		
7	2000年	6652	7069				
8	2001年	8613	6931				
9	2002年	8144	7486				
10	2003年	9102	7703				
11	2004年	8703	8165				
12	2005年	7106	8342				
13	2006年	6827	7934				
14	2007年	7155	7569				
15	2008年	7837	7432				
16	2009年	8345	7566				
17	2010年	7361	7823				
18	2011年	8631	7671				
19	2012年	6872	7987				
20	2013年	6538	7619				
21	2014年	6821	7263				
22	2015年		7117				

图 9-23　规划求解方法计算结果

由规划求解所得结果知，本题最优平滑常数为 0.33，最小均方误差为 930969.82。选中 F6 单元格，输入公式=C22，F6 单元格为 2015 年销售量最优预测值。

以上操作完成后的最终计算结果如图 9-24 所示。

	A	B	C	D	E	F	G
1	年份	销售量	销售量指数平滑预测值				
2	1995年	6511	6511		指数平滑常数	0.33	33
3	1996年	6802	6511		均方误差(MSE)	930969.82	
4	1997年	6314	6607				
5	1998年	8752	6510				
6	1999年	6701	7250		2015年销售量最优预测值	7117	
7	2000年	6652	7069				
8	2001年	8613	6931				
9	2002年	8144	7486				
10	2003年	9102	7703				
11	2004年	8703	8165				
12	2005年	7106	8342				
13	2006年	6827	7934				
14	2007年	7155	7569				
15	2008年	7837	7432				
16	2009年	8345	7566				
17	2010年	7361	7823				
18	2011年	8631	7671				
19	2012年	6872	7987				
20	2013年	6538	7619				
21	2014年	6821	7263				
22	2015年		7117				

图 9-24　规划求解方法最终计算结果

*实验 9.3　加权移动平均预测模型

【实验目的】

1. 理解加权移动平均预测法的概念。
2. 掌握在 Excel 中建立加权移动平均预测模型的方法。

3．掌握从实际数据到数学理论模型、计算机模型的逻辑思维方法。

【实验内容】

某生产企业记录了 2018 年 1 月～2018 年 12 月的月产量的数据，如表 9-3 所示。现企业的生产管理者要对该企业的生产情况进行评估，需要把握产品产量变化的总体趋势，因而需要对 2019 年 1 月的产量进行预测。

要求：以 4 个月为跨度，权重取值为 0.1、0.2、0.3、0.4，使用加权移动平均法预测该企业 2019 年 1 月的产量。

表 9-3　某企业 2018 年 1 月～2018 年 12 月的产量数据

月份	产量	月份	产量	月份	产量
2018 年 1 月	15600	2018 年 5 月	16540	2018 年 9 月	13480
2018 年 2 月	13000	2018 年 6 月	18000	2018 年 10 月	19038
2018 年 3 月	11560	2018 年 7 月	17500	2018 年 11 月	18256
2018 年 4 月	19230	2018 年 8 月	18900	2018 年 12 月	17612

【操作步骤】

(1) 在 Excel 的工作表中建立如图 9-25 所示的表格模型。

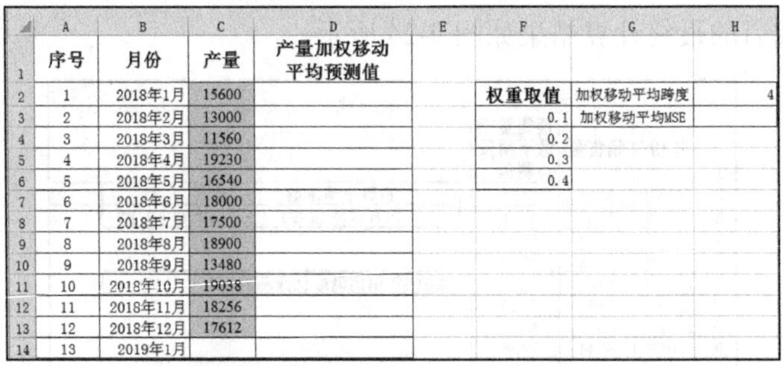

	A	B	C	D	E	F	G	H
1	序号	月份	产量	产量加权移动平均预测值				
2	1	2018年1月	15600			权重取值	加权移动平均跨度	4
3	2	2018年2月	13000			0.1	加权移动平均MSE	
4	3	2018年3月	11560			0.2		
5	4	2018年4月	19230			0.3		
6	5	2018年5月	16540			0.4		
7	6	2018年6月	18000					
8	7	2018年7月	17500					
9	8	2018年8月	18900					
10	9	2018年9月	13480					
11	10	2018年10月	19038					
12	11	2018年11月	18256					
13	12	2018年12月	17612					
14	13	2019年1月						

图 9-25　产量加权移动平均表格模型

(2) 在单元格 D6 中输入公式：=C2*$F$3+C3*$F$4+C4*$F$5+C5*$F$6，并使用填充柄复制到 D7:D14 单元格区域。

(3) 在 H3 单元格中输入公式：=AVERAGE((C6:C13–D6:D13)^2)，并按 Ctrl+Shift+Enter 组合键，即可求出加权移动平均均方误差 MSE。计算结果如图 9-26 所示。

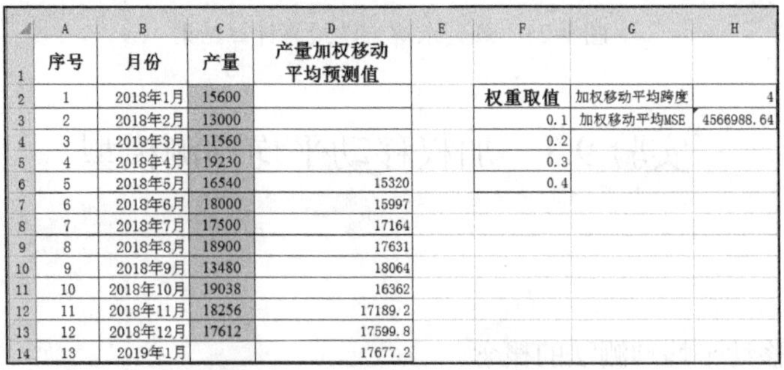

	A	B	C	D	E	F	G	H
1	序号	月份	产量	产量加权移动平均预测值				
2	1	2018年1月	15600			权重取值	加权移动平均跨度	4
3	2	2018年2月	13000			0.1	加权移动平均MSE	4566988.64
4	3	2018年3月	11560			0.2		
5	4	2018年4月	19230			0.3		
6	5	2018年5月	16540	15320		0.4		
7	6	2018年6月	18000	15997				
8	7	2018年7月	17500	17164				
9	8	2018年8月	18900	17631				
10	9	2018年9月	13480	18064				
11	10	2018年10月	19038	16362				
12	11	2018年11月	18256	17189.2				
13	12	2018年12月	17612	17599.8				
14	13	2019年1月		17677.2				

图 9-26　产量加权移动平均计算结果

*实验 9.4　季节指数预测模型

【实验目的】

1．理解季节指数预测法的概念。

2．掌握在 Excel 中建立季节指数预测模型的方法。

3．掌握从实际数据到数学理论模型、计算机模型的逻辑思维方法。

【实验内容】

【例 9-4】表 9-4 是某公司在 2014～2018 年每年 12 个月销售某种服装的销售额(万元)，利用季节指数法预测 2019 年 12 个月的销售额。

表 9-4　2014～2018 年服装销售额

月份	销售额(万元)				
	2014 年	2015 年	2016 年	2017 年	2018 年
1 月	1560	1480	1650	1580	1670
2 月	1490	1480	1550	1600	1620
3 月	1240	1280	1320	1300	1350
4 月	650	580	600	630	610
5 月	530	480	490	540	520
6 月	460	500	620	570	600
7 月	320	380	400	420	450
8 月	300	310	290	280	320
9 月	600	620	590	610	630
10 月	700	720	750	740	760
11 月	1620	1580	1670	1780	1760
12 月	1830	1860	1850	1960	1980

【操作步骤】

1．在 Excel 的工作表中建立如图 9-27 所示的表格模型。

	A	B	C	D	E	F	G	H	I
1	月份	销售额（万元）					各年份同月平均销售额	季节指数	2019年预测值
2		2014年	2015年	2016年	2017年	2018年			
3	1月	1560	1480	1650	1580	1670			
4	2月	1490	1480	1550	1600	1620			
5	3月	1240	1280	1320	1300	1350			
6	4月	650	580	600	630	610			
7	5月	530	480	490	540	520			
8	6月	460	500	620	570	600			
9	7月	320	380	400	420	450			
10	8月	300	310	290	280	320			
11	9月	600	620	590	610	630			
12	10月	700	720	750	740	760			
13	11月	1620	1580	1670	1780	1760			
14	12月	1830	1860	1850	1960	1980			
15	同年各月平均销售额								
16	所有年所有月总平均销售额								

图 9-27　季节指数法表格模型

2．基于数据表中的数据做图表，添加趋势性，通过图表可以看出观测值具有季节成分，使用季节指数预测方法。

3．求各年份同月平均销售额，在 G3 单元格中输入公式：=AVERAGE（B3:F3），用填充柄拖到 G14 单元格。

4．求同年各月平均销售额，在 B15 单元格中输入公式：=AVERAGE（B3:B14），用填充柄填充到 F15 单元格。

5．求所有年份所有月份总平均销售额，在 B16 单元格中输入公式：=AVERAGE（B15:F15）。

6．求季节指数，在 H3 单元格中输入公式：=G3/$B$16，用填充柄填充到 H14 单元格。

7．求预测期趋势值，可以使用前面的移动平均方法或者指数平滑方法得到预测趋势值，这里使用 2020 年各月平均销售额 F15 作为预测趋势值。

8．求 2021 年预测值，在 I3 单元格输入公式：=H3*$F$15，用填充柄填充到 I14 单元格。I3:I14 单元格区域就是 2021 年 12 个月的预测值，如图 9-28 所示。

月份	销售额（万元）					各年份同月平均销售额	季节指数	2019年预测值
	2014年	2015年	2016年	2017年	2018年			
1月	1560	1480	1650	1580	1670	1588	162.51%	1661.67
2月	1490	1480	1550	1600	1620	1548	158.42%	1619.82
3月	1240	1280	1320	1300	1350	1298	132.83%	1358.22
4月	650	580	600	630	610	614	62.83%	642.485
5月	530	480	490	540	520	512	52.40%	535.753
6月	460	500	620	570	600	550	56.29%	575.516
7月	320	380	400	420	450	394	40.32%	412.279
8月	300	310	290	280	320	300	30.70%	313.918
9月	600	620	590	610	630	610	62.43%	638.3
10月	700	720	750	740	760	734	75.12%	768.052
11月	1620	1580	1670	1780	1760	1682	172.13%	1760.03
12月	1830	1860	1850	1960	1980	1896	194.03%	1983.96
同年各月平均销售额	941.6667	939.17	981.667	1000.8	1022.5			
所有年所有月总平均销售额	977.1666667							

图 9-28　季节指数预测法最终计算结果

第 10 章 回归分析预测与预见性思维

实验 10.1 一元线性回归分析

【实验目的】

1. 掌握回归预测问题的方法和基本步骤。
2. 掌握一元线性回归问题的各种分析方法。
3. 通过回归问题的解析过程掌握预测技术、培养预见性思维意识。

【实验内容】

以 1989～2010 年中国 R&D(Research and Development) 投入与 GDP(Gross Domestic Product) 相关数据为依据，建立 GDP(y) 对 R&D(x) 的一元线性回归模型，如表 10-1 所示。具体要求如下：

1. 建立 R&D 与 GDP 散点图，在图上添加线性趋势线、线性回归方程及判定系数 R^2 的值。
2. 使用规划求解法计算一元线性回归模型的参数，求解预测判定系数 R^2 的值。
3. 使用回归分析工具建立一元线性回归模型，求解模型参数和判定系数 R^2 的值，并通过 R^2 判断回归方程的线性关系是否显著。
4. 比较上述 3 种方法的结果，并预测 R&D 投入为 8100 亿元时 GDP 的值。
5. 将规划求解法预测得到的 GDP 预测值添加到散点图上。

表 10-1　1989～2010 年中国 R&D 投入与 GDP 相关数据表

年份	R&D(亿元)	GDP(亿元)	年份	R&D(亿元)	GDP(亿元)
1989	112.31	16,992.30	2000	895.66	99,214.60
1990	125.43	18,667.80	2001	1,042.49	109,655.20
1991	159.46	21,781.50	2002	1,287.64	120,332.70
1992	198.03	26,923.50	2003	1,539.63	135,822.80
1993	248.01	35,333.90	2004	1,966.33	159,878.30
1994	306.26	48,197.90	2005	2,449.97	184,937.40
1995	348.69	60,793.70	2006	3,003.10	216,314.40
1996	404.48	71,176.60	2007	3,710.20	265,810.30
1997	509.16	78,973.00	2008	4,616.00	314,045.40
1998	551.12	84,402.30	2009	5,802.10	340,902.80
1999	678.91	89,667.10	2010	7,062.58	401,202.00

【操作步骤】

1. 采用图表分析——添加趋势线。

(1)打开Excel实验素材中相应的工作簿文件中的工作表,选取B2:C24 单元格区域的单元格,在"插入"选项卡中选择"图表"组,单击"散点图"按钮,创建如图 10-1 所示的图表。

(2)单击选中图表,然后选择"图表工具"选项卡下的"设计"子选项卡,单击"添加图表元素"下拉按钮,根据模型选择趋势线中的线性趋势线,勾选"显示公式"和"显示 R 平方值"复选框,如图 10-2 所示。

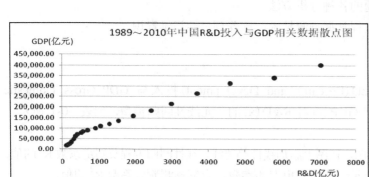

图 10-1　R&D 与 GDP 散点图　　　　　　　　　图 10-2　趋势线格式的设置

(3)关闭对话框,得到图表分析法的回归模型,如图 10-3 所示。求得回归方程为 $y = 55.44x + 38581$,$R^2 = 0.9744$。$R^2 > 0.9$,说明曲线拟合得较好。

2. 使用回归分析工作表函数。

分别在 F8、F9、F10 单元格中输入相应的计算公式,如图 10-4 所示。计算出回归方程的参数和相关系数,如图 10-5 所示。

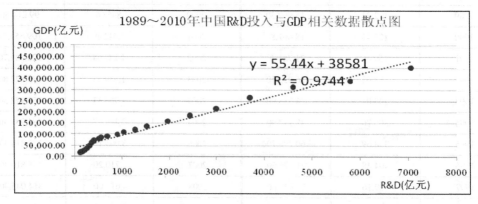

图 10-3　趋势线与回归方程

工作表的参数值	
截距(a)	=INTERCEPT(C3:C24,B3:B24)
斜率(b)	=SLOPE(C3:C24,B3:B24)
R²	=RSQ(C3:C24,B3:B24)

图 10-4　输入回归函数公式

工作表的参数值	
截距(a)	38581.1630
斜率(b)	55.4396
R²	0.9744168

图 10-5　回归函数分析结果

3．使用规划求解工具。

（1）假设回归方程为：$Y = a + bX$。设参数 a=5，b=10，在 G7 和 G8 单元格中分别输入 5 和 10，在 D3 单元格中输入公式"=\$G\$7+\$G\$8*B3"，然后利用填充柄复制公式，填充至 D4:D24 单元格区域中，计算 GDP 的估计值 Y'。

（2）在 G9 单元格中输入公式"{=AVERAGE((C3:C24-D3:D24)^2)}"，计算 GDP 的观测值与估计值之间的均方差 MSE，结果如图 10-6 所示。

	A	B	C	D	E	F	G
1	表10-1　1989~2010年中国R&D投入与GDP相关数据表						
2	年份	R&D(亿元)	GDP(亿元)	预测值GDP			
3	1989	112.31	16,992.30	1128.1			
4	1990	125.43	18,667.80	1259.3			
5	1991	159.46	21,781.50	1599.6			
6	1992	198.03	26,923.50	1985.3		规划求解法计算的参数值	
7	1993	248.01	35,333.90	2485.1		截距(a)	5.0000
8	1994	306.26	48,197.90	3067.6		斜率(b)	10.0000
9	1995	348.69	60,793.70	3491.9		均方误差(MSE)	21297052178.2968
10	1996	404.48	71,176.60	4049.8			
11	1997	509.16	78,973.00	5096.6			
12	1998	551.12	84,402.30	5516.2			
13	1999	678.91	89,667.00	6794.1			
14	2000	895.66	99,214.60	8961.6			
15	2001	1,042.49	109,655.20	10429.9			
16	2002	1,287.64	120,332.70	12881.4			
17	2003	1,539.63	135,822.80	15401.3			
18	2004	1,966.33	159,878.30	19668.3			
19	2005	2,449.97	184,937.40	24504.7			
20	2006	3,003.10	216,314.40	30036			
21	2007	3,710.20	265,810.30	37107			
22	2008	4,616.00	314,045.40	46165			
23	2009	5,802.10	340,902.80	58026			
24	2010	7,062.58	401,202.00	70630.8			

图 10-6　初始值的设置及估计值与均方差的计算

（3）在"数据"选项卡中选择"分析"组，单击"规划求解"按钮，弹出"规划求解参数"对话框，选取 G9 单元格为设置目标达到最小值，G7:G8 单元格区域为可变单元格，单击"求解"按钮，如图 10-7 所示。

（4）求解得到 a= 38581.2203，b= 55.4396，则回归方程为 y = 55.44x + 38581.22，结果如图 10-8 所示。

4．使用回归分析报告。

（1）在"数据"选项卡中选择"分析"组，单击"数据分析"按钮，选取"回归"分析工具，弹出"回归"对话框。

（2）设置"Y 值输入区域"为 C2:C24，"X 值输入区域"为 B2:B24，勾选"标志"复选框，设"输出区域"为 A26，如图 10-9 所示。

图 10-7　规划求解参数的设置

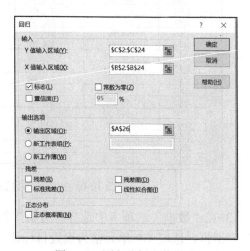

规划求解法计算的参数值	
截距(a)	38581.2203
斜率(b)	55.4396
均方误差(MSE)	303318366.2937

图 10-8　规划求解结果　　　　　　图 10-9　回归分析参数设置

（3）单击"确定"按钮，得到如图 10-10 所示的回归分析报告。

报告中 a= 38581.16303，b= 55.43963225，R^2=0.9744168，说明回归方程的线性相关性显著，如图 10-11 所示。

5．4 种方法的比较和回归预测。

（1）4 种方法的分析结果一致，下面采用规划求解的参数进行回归预测。

（2）在 G16 单元格中输入公式"=G7+G8*G15"，预测 R&D 为 8100 亿元时 GDP 的值，结果如图 10-12 所示。

SUMMARY OUTPUT								
回归统计								
Multiple R	0.987125524							
R Square	0.9744168							
Adjusted R S	0.97313764							
标准误差	18266.09435							
观测值	22							
方差分析								
	df	SS	MS	F	Significance F			
回归分析	1	2.54162E+11	3E+11	761.7630257	2.1412E-17			
残差	20	6673004058	3E+08					
总计	21	2.60835E+11						
	Coefficients	标准误差	t Stat	P-value	Lower 95%	Upper 95%	下限 95.0%	上限 95.0%
Intercept	38581.16303	5156.471975	7.4821	3.22653E-07	27824.95097	49337.38	27824.95	49337.38
R&D(亿元)	55.43963225	2.008678339	27.6	2.1412E-17	51.24960266	59.62966	51.2496	59.62966

图 10-10　回归分析报告

回归报告的参数值	
截距(a)	38581.1630
斜率(b)	55.4396
R^2	0.9744168

图 10-11　回归报告求解结果

预测	
R&D(亿元)	8100
预测GDP(亿元)	487642.1296

图 10-12　GDP 预测值

(3)将预测值添加到散点图上。

①单击选中图表。

②单击"选择数据"按钮,如图 10-13 所示。或者右击打开快捷菜单,单击"选择数据",打开"选择数据源"对话框,如图 10-14 所示。

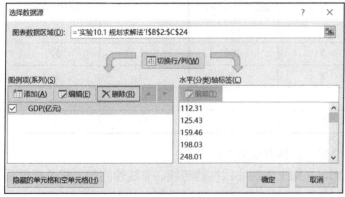

图 10-13　"选择数据"位置

③单击"添加"按钮,打开"编辑数据系列"对话框,添加 R&D 投入为 8100 亿元时GDP 预测值的点,如图 10-15 所示。添加数据后的散点图如图 10-16 所示。

根据以上分析可以得到回归模型为:y = 55.44x + 38581。当投入量 R&D 每增长 1 亿元,GDP 会增加 55.44 亿元。当 R&D 投入达到 8100 亿元时,GDP 将会达到 487642.1296 亿元。

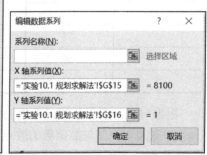

图 10-14　"选择数据源"对话框　　　　　　图 10-15　"编辑数据系列"对话框

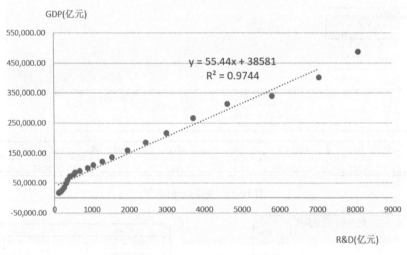

图 10-16　添加数据后的散点图

实验 10.2　一元非线性回归分析

【实验目的】

1. 熟悉常用的非线性函数模型。
2. 掌握非线性函数模型的线性转化方法。
3. 掌握一元非线性回归问题的分析方法。
4. 培养应用预见性思维的能力。

【实验内容】

在实验中让海洋细菌暴露在 200 千伏 X 射线下，暴露时间 t 从 1 个到 15 个时长依次增加，每个时长 6 分钟。用平板计数法估计每次存活的细菌数(以百个计)，相关数据如表 10-2 所示。

表 10-2　细菌存活数表

时长 t	细菌数(以百个计)	时长 t	细菌数(以百个计)	时长 t	细菌数(以百个计)
1	355	6	106	11	36
2	250	7	104	12	32
3	197	8	70	13	21
4	166	9	56	14	20
5	142	10	38	15	13

根据时长与细菌个数建立相关模型。具体要求如下：

1. 建立时长 t 与细菌数的散点图，在图上添加非线性趋势线、非线性回归方程及判定系数 R^2 的值。

2．使用规划求解法计算一元非线性回归模型的参数，求解模型参数和判定系数 R^2 的值。

3．采用变量转化的方法把非线性问题转换为线性问题，再使用回归分析工具求解模型参数和判定系数 R^2 的值。

【操作步骤】

1．采用图表分析——添加趋势线。

(1)打开 Excel 实验素材中相应的工作簿文件中的工作表，选取 A2:B17 单元格区域的单元格，在"插入"选项卡中选择"图表"组，单击"散点图"按钮，创建如图 10-17 所示的图表。

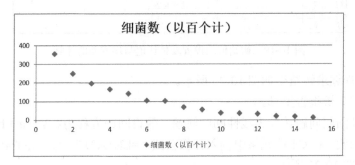

图 10-17　细菌数与时长散点图

(2)单击选中图表，然后选择"图表工具"选项卡下的"设计"子选项卡，单击"添加图表元素"下拉按钮，根据模型选择趋势线中的对数趋势线，勾选"显示公式"和"显示 R 平方值"复选框，关闭对话框，得到图表分析法的回归模型，如图 10-18 所示。求得回归方程为 $y = -126.5\ln(x) + 342.28$，$R^2 = 0.9923$，$R^2 > 0.9$，说明曲线拟合得较好。

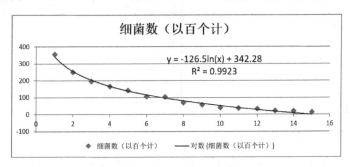

图 10-18　趋势线与回归方程

2．使用规划求解工具。

(1)假设回归方程为：$Y = a + b\ln(X)$。设参数 $a=1$、$b=1$，在 F5 和 F6 单元格中分别输入 1，在 C3 单元格中输入公式"=\$F\$5+\$F\$6*LN(A3)"，然后利用填充柄复制公式，填充至 C4:C17 单元格区域中，计算细菌数估计值 Y'。

(2)在 F7 单元格中输入数组公式"{=AVERAGE((C3:C17-B3:B17)^2)}"，计算细菌的观测值与估计值之间的均方差 MSE，结果如图 10-19 所示。

(3)在"数据"选项卡中选择"分析"组，单击"规划求解"按钮，弹出"规划求解"对话框，选取 F7 单元格为设置目标达到最小值，F5:F6 单元格区域为可变单元格，单击"求

F7　{=AVERAGE((C3:C17-B3:B17)^2)}

	A	B	C	D	E	F
1	表10-2　细菌存活数表					
2	时长t	细菌数（以百个计）	细菌数估计值		Y = a + bln X	
3	1	355	1			
4	2	250	1.693147181		规划求解参数	
5	3	197	2.098612289		截距a	1
6	4	166	2.386294361		斜率b	1
7	5	142	2.609437912		MSE	20201.75346
8	6	106	2.791759469			
9	7	104	2.945910149			
10	8	70	3.079441542			
11	9	56	3.197224577			
12	10	38	3.302585093			
13	11	36	3.397895273			
14	12	32	3.48490665			
15	13	21	3.564949357			
16	14	20	3.63905733			
17	15	13	3.708050201			

图 10-19　初始值的设置及估计值与均方差的计算

解”按钮，得到规划求解结果如图 10-20 所示。

4．使用回归分析报告工具。

(1)把非线性回归问题转换为线性回归问题。假设回归方程为：Y = a + bln(X)，则 Y 与 ln(X)满足线性回归。在 C4 单元格中输入计算公式“=LN(A3)”，然后在 C4:C17 单元格区域中复制公式，如图 10-21 所示。

规划求解参数	
截距a	342.2793363
斜率b	-126.4617438
MSE	70.5539494

图 10-20　规划求解参数的结果

	A	B	C
1	表10-2　细菌存活数表		
2	时长t	细菌数（以百个计）	t'=ln(t)
3	1	355	0
4	2	250	0.693147181
5	3	197	1.098612289
6	4	166	1.386294361
7	5	142	1.609437912
8	6	106	1.791759469
9	7	104	1.945910149
10	8	70	2.079441542
11	9	56	2.197224577
12	10	38	2.302585093
13	11	36	2.397895273
14	12	32	2.48490665
15	13	21	2.564949357
16	14	20	2.63905733
17	15	13	2.708050201

图 10-21　非线性函数转化为线性函数

(2)在“数据”选项卡中选择“分析”组，单击“数据分析”按钮，选取“回归”分析工具，弹出“回归”对话框。设置“Y 值输入区域”为$B$2:$B$17，“X 值输入区域”为$C$2:$C$17，勾选“标志”复选框，设“输出区域”为$A$20，单击“确定”按钮，得到回归分析报告，如图 10-22 所示。

报告中 a=324.2796598，b=−126.461901，R^2=0.992329254，说明回归方程的线性相关性显著。

根据以上分析可以得到回归方程模型为：y = –126.46ln(x)+342.28，从这个模型可以得到海洋细菌暴露在 200 千伏 X 射线下，每增加 1 个时长(6 分钟)的暴露时间，存活的细菌数以对数形式急剧下降。

SUMMARY OUTPUT					
	回归统计				
Multiple	0.996157244				
R Square	0.992329254				
Adjusted	0.991739197				
标准误差	9.022660536				
观测值	15				
方差分析					
	df	SS	MS	F	Significance F
回归分析	1	136908.6241	136908.624	1681.7505	3.88613E-15
残差	13	1058.309241	81.4084031		
总计	14	137966.9333			
	Coefficients	标准误差	t Stat	P-value	Lower 95%
Intercept	342.2796598	6.19068549	55.2894603	8.161E-17	328.9054969
t'=ln(t)	-126.461901	3.083748286	-41.009152	3.886E-15	-133.1239342

(续表) Upper 95% / 下限 95.0 / 上限 95.0%:
Intercept: 355.6538227　328.9055　355.6538
t'=ln(t): -119.7998679　-133.124　-119.8

图 10-22　回归分析报告

*实验 10.3　多元线性回归分析

【实验目的】

1. 了解多元线性回归问题的基本思路。
2. 了解多元线性回归问题的分析方法。
3. 提高预见性思维方式应用的可行性、科学性。

【实验内容】

为了建立国家财政收入回归模型，我们以财政收入 Y 为因变量，农业、工业、建筑业的增加值、人口数、社会消费总额和受灾面积为自变量，收集统计了 1988～1998 年共 11 年的统计数据，如表 10-3 所示。

表 10-3　1988～1998 年国家财政收入及其影响因素统计数据

年份	农业 X1 (亿元)	工业 X2 (亿元)	建筑业 X3(亿元)	人口 X4 (万人)	最终消费 X5(亿元)	受灾面积 X6(万公顷)	财政收入 Y(亿元)
1988	3831.0	5777.2	810.0	111026	9360.1	50870	2357.2
1989	4228.0	6484.0	794.0	112704	10556.5	46990	2664.9
1990	5017.0	6858.0	859.4	114333	11365.2	38470	2937.1
1991	5288.6	8087.1	1015.1	115823	13145.9	55470	3149.5
1992	5800.0	10284.5	1415.0	117171	15952.1	51330	3483.4
1993	6882.1	14143.8	2284.7	118517	20182.1	48830	4349.0
1994	9457.2	19359.6	3012.6	119850	26796.0	55040	5218.1
1995	11993.0	24718.3	3819.6	121121	33635.0	45821	6242.2
1996	13844.2	29082.6	4530.5	122389	40003.9	46989	7408.0
1997	14211.2	32412.1	4810.6	123626	43579.4	53429	8651.1
1998	14599.6	33429.8	5262.0	124810	46405.9	50145	9876.0

数据来源：中国统计年鉴

请根据这些资料建立多元线性模型，说明财政收入及其影响因素之间相关关系。具体要求如下：

1. 使用回归分析工具求解模型参数和判定系数 R^2 的值。
2. 使用规划求解法计算多元线性回归模型的参数。

【操作步骤】

1. 使用规划求解工具。

(1) 假设回归方程为: $Y = a + bX_1 + cX_2 + dX_3 + eX_4 + fX_5 + gX_6$, 假定 a 的初始值为 1000, b、c、d、e、f、g 的初始值都为 1, 在 I3 单元格中输入公式: =\$E\$20+\$E\$21*B3+\$E\$22*C3+\$E\$23*D3+\$E\$24*E3+\$E\$25*F3+\$E\$26*G3, 然后利用填充柄复制公式, 填充至 I4:I13 单元格区域中, 计算财政收入的预测值 Y', 结果如图 10-23 所示。

	A	B	C	D	E	F	G	H	I
1	表10-3 1988-1998年国家财政收入及其影响因素统计数据								
2	年份	农业X1(亿元)	工业X2(亿元)	建筑业X3(亿元)	人口X4(万人)	最终消费X5(亿元)	受灾面积X6(万公顷)	财政收入Y(亿元)	财政收入预测值Y'
3	1988	3831.0	5777.2	810.0	111026	9360.1	50870	2357.2	182674.3
4	1989	4228.0	6484.0	794.0	112704	10556.5	46990	2664.9	182756.5
5	1990	5017.0	6858.0	859.4	114333	11365.2	38470	2937.1	177902.6
6	1991	5288.6	8087.1	1015.1	115823	13145.9	55470	3149.5	199829.7
7	1992	5800.0	10284.5	1415.0	117171	15952.1	51330	3483.4	202952.6
8	1993	6882.1	14143.8	2284.7	118517	20182.1	48830	4349.0	211839.7
9	1994	9457.2	19359.6	3012.6	119850	26796.0	55040	5218.1	234515.4
10	1995	11993.0	24718.3	3819.6	121121	33635.0	45821	6242.2	242107.9
11	1996	13844.2	29082.6	4530.5	122389	40003.9	46989	7408.0	257839.2
12	1997	14211.2	32412.1	4810.6	123626	43579.4	53429	8651.1	273068.3
13	1998	14599.6	33429.8	5262.0	124810	46405.9	50145	9876.0	275652.3

图 10-23　财政收入在回归模型初始参数为 1 时的预测值

(2) 在 E27 单元格中输入数组公式 "{=AVERAGE((I3:I13-H3:H13)^2)}", 计算财政收入的观测值与预测值之间的均方差 MSE, 结果如图 10-24 所示。

(3) 利用规划求解工具求解参数的具体设置如图 10-26 所示。经过 2~3 次规划求解, 得到稳定值, 结果如图 10-26 所示。

图 10-24　观测值与预测值之间的均方差　　　　　　图 10-25　规划求解参数的设置

2．使用回归分析报告工具。

(1)在"数据"选项卡中选择"分析"组，单击"数据分析"按钮，选取"回归"分析工具，弹出"回归"对话框。

(2)设置"Y 值输入区域"为 H2:H13，"X 值输入区域"为 B2:G13，勾选"标志"复选框，设"输出区域"为 A15，如图 10-27 所示。

回归	? ×
输入	确定
Y 值输入区域(Y): $H$2:$H$13	取消
X 值输入区域(X): $B$2:$G$13	帮助(H)
☑ 标志(L) ☐ 常数为零(Z)	
☐ 置信度(F) 95 %	
输出选项	
⦿ 输出区域(O): $A$15	
◯ 新工作表组(P):	
◯ 新工作簿(W)	
残差	
☐ 残差(R) ☐ 残差图(D)	
☐ 标准残差(T) ☐ 线性拟合图(I)	
正态分布	
☐ 正态概率图(N)	

规划求解参数	
a	3558.056093
b	-0.706823945
c	-0.243342779
d	-0.68219236
e	-0.01658769
f	0.674714261
g	-0.02003226
MSE	21158.00025

图 10-26　规划求解参数的结果　　　　　　图 10-27　回归分析参数的设置

(3)单击"确定"按钮，得到如图 10-28 所示的回归分析报告。

SUMMARY OUTPUT

回归统计	
Multiple R	0.998266175
R Square	0.996535357
Adjusted R	0.991338393
标准误差	241.211594
观测值	11

方差分析

	df	SS	MS	F	Significance F
回归分析	6	66940749.85	11156791.64	191.7533523	7.16902E-05
残差	4	232732.1324	58183.0331		
总计	10	67173481.98			

	Coefficients	标准误差	t Stat	P-value	Lower 95%	Upper 95%	下限 95.0%	上限 95.0%
Intercept	3558.800728	6917.898157	0.514433813	0.634066742	-15648.36375	22765.96521	-15648.36375	22765.97
农业X1(亿	-0.707057171	0.230277917	-3.070451485	0.037276565	-1.346411166	-0.067703177	-1.346411166	-0.0677
工业X2(亿	-0.245058052	0.268547626	-0.91253107	0.413113208	-0.990665793	0.500549689	-0.990665793	0.50055
建筑业X3(	-0.683284649	0.719796674	-0.949274529	0.396234555	-2.681760601	1.315191304	-2.681760601	1.315191
人口X4(万	-0.01662406	0.064851695	-0.256339637	0.810332548	-0.196681231	0.163433111	-0.196681231	0.163433
最终消费x	0.676259734	0.163391255	4.138897975	0.014389401	0.222612884	1.129906583	0.222612884	1.129907
受灾面积x	-0.020030784	0.018702016	-1.071049426	0.344470292	-0.071955905	0.031894338	-0.071955905	0.031894

图 10-28　回归分析报告

(4)根据回归报告，得到回归方程为：

$Y = 3558.80 - 0.707X_1 - 0.245X_2 - 0.683X_3 - 0.017X_4 + 0.676X_5 - 0.020X_6$，$R^2 = 0.9965$，说明回归方程的线性相关性显著。

在假定其他自变量不变的情况下，自变量农业、农业和建筑业增加值、人口、最终消费和受灾面积都对因变量财政收入 Y 都有显著影响。当最终消费每增长 1 亿元时，财政收入将增长 0.676 亿元。

*实验 10.4　多元非线性回归分析

【实验目的】

1．了解非线性函数模型的线性转化方法。
2．了解多元非线性回归问题的分析方法。
3．掌握预见性思维方法。

【实验内容】

某年制造业全部国有企业和大规模非国有企业的工业总产值 Y、资产合计 K，以及职工人数 L 数据如表 10-4 所示。请根据这些资料建立多元非线性模型(假定回归模型为 $Y=aK^bL^c$)，使用回归分析工具求解模型参数和判定系数 R^2 的值，说明制造业工业总产值及其影响因素之间相关关系。

表 10-4　工业总产值、资产合计、职工人数数据表

序号	工业总产值 Y(亿元)	资产合计 K(亿元)	职工人数 L(万人)	序号	工业总产值 Y(亿元)	资产合计 K(亿元)	职工人数 L(万人)
1	3722.7	3078.33	113	17	812.7	1118.81	43
2	1442.52	1684.43	67	18	1899.7	2052.16	61
3	1752.37	2742.77	84	19	3692.85	6113.11	240
4	1451.29	1973.82	27	20	4732.9	9228.25	222
5	5149.3	5917.01	327	21	2180.23	2866.65	80
6	2291.16	1758.77	120	22	2539.76	2545.63	96
7	1345.17	939.1	58	23	3046.95	4787.9	222
8	656.77	694.94	31	24	2192.63	3255.29	163
9	370.18	363.48	16	25	5364.83	8129.68	244
10	1590.36	2511.99	66	26	4834.83	5260.2	145
11	616.71	973.73	58	27	7549.58	7518.79	138
12	617.94	516.01	28	28	867.91	984.52	46
13	4429.19	3785.91	61	29	4611.39	18626.94	218
14	5749.02	8688.03	254	30	170.3	610.91	19
15	1781.37	2798.9	83	31	325.19	1523.19	45
16	1243.07	1808.44	33				

【解题分析】

对于多元非线性回归问题，在不知模型的情况下求解的基本思路是：首先分析每个自变量单独作用时对因变量的影响，接着整合建立整个回归模型，然后把非线性化模型转换为线性化模型，最后求解回归方程系数，检验回归方程显著性。

为了简化问题求解过程，我们都是假定已知回归方程模型。

【操作步骤】

(1) 确定获取自变量和因变量，并在 Excel 表中输入观测值。

(2) 已知回归方程模型为：$Y=aK^bL^c$，对方程两边同时取对数，可以得到：

$\ln(Y)=\ln(a)+b\ln(K)+c\ln(L)$，则 $\ln(Y)$ 与 $\ln(K)$、$\ln(L)$ 满足线性回归。在 F3、G3、H3 单元格中分别输入计算公式：=LN(C3)、=LN(D3)、=LN(E3)，然后在相应的单元格区域中复制公式，如图 10-29 所示。

(3) 在"数据"选项卡中选择"分析"组中单击"数据分析"按钮，选取"回归"分析工具，弹出"回归"对话框。设置"Y 值输入区域"为\$F\$2:\$F\$33，"X 值输入区域"为\$G\$2:\$H\$33，勾选"标志"复选框，设置"输出区域"为\$B\$35，单击"确定"按钮，得到回归分析报告，如图 10-30 所示。

(4) 报告中 $R^2=0.8098$，说明回归方程的线性相关性显著；报告中可以得到回归方程参数为：$\ln(a)=1.153883314$，$b=0.609218634$，$c=0.360844183$；由此得到回归方程为：$Y=3.1705K^{0.6092}L^{0.3608}$。

序号	工业总产值Y (亿元)	资产合计K (亿元)	职工人数L (万人)	LN(Y)	LN(K)	LN(L)
	表10-10 工业总产值与资产合计、职工人数数据表					
1	3722.7	3078.33	113	8.22220449	8.032142521	4.727387819
2	1442.52	1684.43	67	7.274146863	7.429182507	4.204692619
3	1752.37	2742.77	84	7.468724436	7.916723638	4.430816799
4	1451.29	1973.82	27	7.280208095	7.58772603	3.295836866
5	5149.3	5917.01	327	8.546616062	8.685586533	5.789960171
6	2291.16	1758.77	120	7.736813519	7.47236998	4.787491743
7	1345.17	939.1	58	7.204275678	6.84492197	4.060443011
8	656.77	694.94	31	6.487333881	6.543825511	3.433987204
9	370.18	363.48	16	5.913989374	5.895724275	2.772588722
10	1590.36	2511.99	66	7.371715685	7.828830547	4.189654742
11	616.71	973.73	58	6.424398897	6.881134058	4.060443011
12	617.94	516.01	28	6.426391365	6.246126145	3.33220451
13	4429.19	3785.91	61	8.395972002	8.23904156	4.110873864
14	5749.02	8688.03	254	8.656784684	9.069701495	5.537334267
15	1781.37	2798.9	83	7.48513801	7.936981762	4.418840608
16	1243.07	1808.44	33	7.125339405	7.500219874	3.496507561
17	812.7	1118.81	43	6.700362038	7.020020899	3.761200116
18	1899.7	2052.16	61	7.549451258	7.626648176	4.110873864
19	3692.85	6113.11	240	8.214153797	8.718190924	5.480638923
20	4732.9	9228.25	222	8.462293401	9.13002471	5.402677382
21	2180.23	2866.65	80	7.687185655	7.96089938	4.382026635
22	2539.76	2545.63	96	7.839824867	7.842133443	4.564348191
23	3046.95	4738.47	222	8.021896369	8.473847181	5.402677382
24	2192.63	3255.29	163	7.692857016	8.088036644	5.093750201
25	5364.83	8129.68	244	8.587619968	9.003276841	5.497168225
26	4834.83	5260.2	145	8.483601247	8.567924328	4.976733742
27	7549.58	7518.79	138	8.929247212	8.9251605	4.927253685
28	867.91	984.52	46	6.766088023	6.892154213	3.828641396
29	4611.39	18626.94	218	8.436284609	9.832364199	5.384495063
30	170.3	610.91	19	5.137561588	6.414949649	2.944438979
31	325.19	1523.19	45	5.784409627	7.328562099	3.80666249

图 10-29　数据线性化处理结果

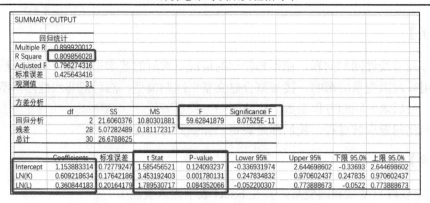

图 10-30　工业总产值、资产合计与职工人数回归分析报告

第 11 章　综 合 案 例

*实验 11.1　数据分析工具的选择

【实验目的】

1．面对客观的经济数据，如何选用合适的分析工具。

2．采用查表法求移动平均的最优跨度。

3．采用规划求解工具求移动平滑常数。

4．采用趋势线法求回归模型。

【实验内容】

分别选取沪深 300 和上海住宅均价(2009～2020 年)数据，采用移动平均模型、指数平滑模型、回归模型进行分析，并预测 2021 年的数据。

【操作步骤】

1．采用移动平均模型，建立移动跨度 2～10 的模拟运算表，如图 11-1 所示。求对应的 MSE，查表求最优跨度值，并用最优跨度分别预测沪深 300 和上海住宅均价 2021 年的值。

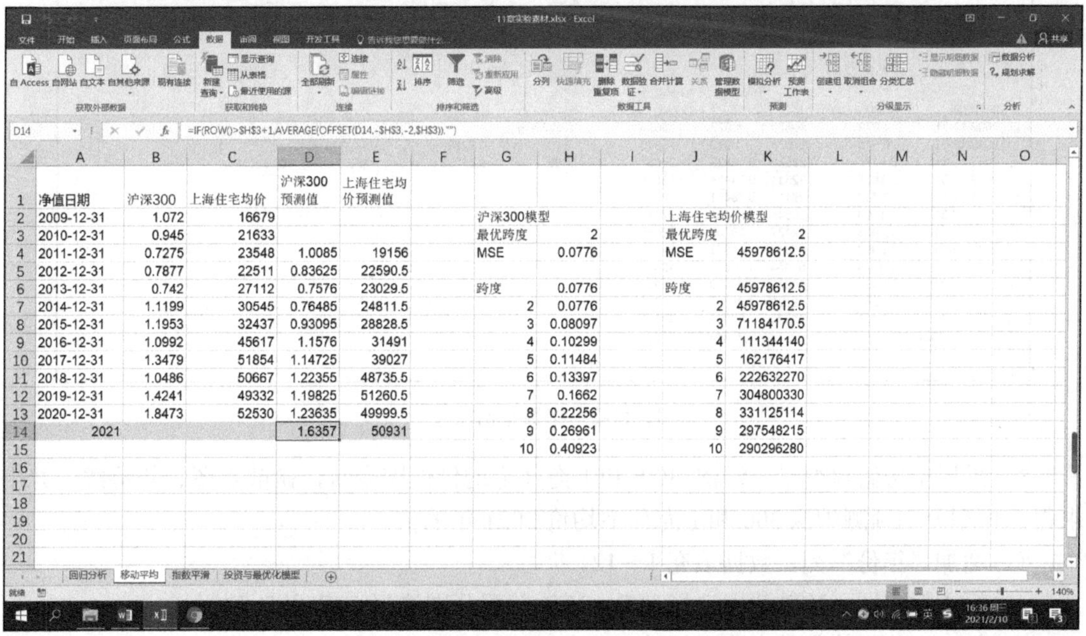
D14　=IF(ROW()>$H$3+1,AVERAGE(OFFSET(D14,-$H$3,-2,$H$3)),"")

	A	B	C	D	E	F	G	H	I	J	K
1	净值日期	沪深300	上海住宅均价	沪深300预测值	上海住宅均价预测值						
2	2009-12-31	1.072	16679				沪深300模型			上海住宅均价模型	
3	2010-12-31	0.945	21633				最优跨度	2		最优跨度	2
4	2011-12-31	0.7275	23548	1.0085	19156		MSE	0.0776		MSE	45978612.5
5	2012-12-31	0.7877	22511	0.83625	22590.5						
6	2013-12-31	0.742	27112	0.7576	23029.5		跨度	0.0776		跨度	45978612.5
7	2014-12-31	1.1199	30545	0.76485	24811.5		2	0.0776		2	45978612.5
8	2015-12-31	1.1953	32437	0.93095	28828.5		3	0.08097		3	71184170.5
9	2016-12-31	1.0992	45617	1.1576	31491		4	0.10299		4	111344140
10	2017-12-31	1.3479	51854	1.14725	39027		5	0.11484		5	162176417
11	2018-12-31	1.0486	50667	1.22355	48735.5		6	0.13397		6	222632270
12	2019-12-31	1.4241	49332	1.19825	51260.5		7	0.1662		7	304800330
13	2020-12-31	1.8473	52530	1.23635	49999.5		8	0.22256		8	331125114
14	2021			1.6357	50931		9	0.26961		9	297548215
15							10	0.40923		10	290296280

图 11-1　移动平均模型

(1) 在 H3 单元格随便给出一个数值(如：3)。

(2) 在 D2 单元格输入公式: =IF(ROW>$H$3+1,AVERAGE(OFFSET(D2,−$H$3,−2,$H$3)),"")，用填充柄把公式复制到 D3:D14 单元格区域。

(3) 在 H4 单元格输入公式：=SUMXMY2(B2:B13,D2,D13)/COUNT(D2:D13)。

(4) 在 H6 单元格输入公式：=H4。

(5) 完成模拟运算表求解。

(6) 在 H3 单元格输入公式：=INDEX(G7:G15,MATCH(MIN(H7:H15),H7:H15,0))。

(7) D14 单元格的值即为沪深 300 预测值。

类似地完成上海住宅均价预测模型，得到的最优跨度都是 2，如图 11-1 所示。

2. 采用指数平滑模型，建立模型，求 MSE。用规划求解工具求使 MSE 取最小值的平滑常数，并用求得的平滑常数分别预测沪深 300 和上海住宅均价 2021 年的值。

(1) 在 H3 单元格随便给出一个数值(如：0.5)。

(2) 在 D2 单元格输入公式：=B2。

(3) 在 D3 单元格输入公式：=B2*$H$3+D2*(1−$H$3)，用填充柄把公式复制到 D4:D14 单元格区域。

(4) 在 H4 单元格输入公式：=SUMXMY2(B2:B13,D2,D13)/COUNT(D2:D13)。

(5) 打开规划求解工具，目标为 H4 取最小值，变量为 H3，约束条件为 H3 的值在 0 到 1 之间。

(6) 求解之后，D14 的值即为 2021 年预测值，如图 11-2 所示。

类似地完成上海住宅均价预测模型。

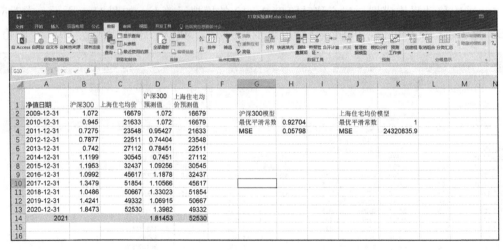

图 11-2 指数平滑模型

3. 采用年份做自变量，沪深 300 和上海住宅均价做因变量，做散点图、趋势线，并用求得的模型分别预测沪深 300 和上海住宅均价 2021 年的值。

(1) 增加"年份"列，数据填充 1~12。

(2) 插入散点图，X 轴数据选择列 B，Y 轴数据分别选择 C 列和 D 列。

(3) 把上海住宅均价放在次坐标轴。

(4) 沪深 300 和上海住宅均价系列分别选择趋势线(R^2 最大值)。

(5)在 C15 单元格输入公式:=0.066*13+0.6804,得到沪深 300 2021 年的预测值,如图 11-3 所示。

(6)在 D14 单元格输入公式:=16181*EXP(0.1091*13),得到上海住宅均价 2021 年的预测值,如图 11-3 所示。

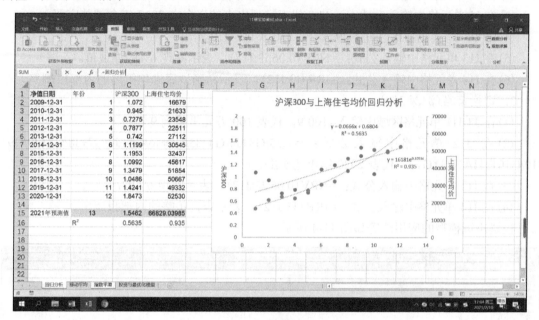

图 11-3 散点图和趋势线

*实验 11.2 投资决策的应用

【实验目的】

1. 熟练使用净现值及内部报酬率指标,筛选投资标的。
2. 熟练使用净现值及内部报酬率指标,选择买入和卖出时机。
3. 理解定投是一种中庸策略。

【实验内容】

分别选取沪深 300、中盘 ETF、创业板 ETF 的历年净值数据去回溯采用一次性买入策略、精确抄底逃顶、定投策略的净现值和内部报酬率。

【操作步骤】

1. 一次性买入策略(沪深 300)。

(1)在 H3 单元格中输入−100,代表 2011 年年底投入 100 万元,其他年份不投,都填 0。

(2)在 H12 单元格中输入公式:=−(H3/G3)*G12,代表 2020 年年底卖出。

(3)在 H13 单元格中输入公式:=NPV(0.06,H3:H12),表示贴现 6%的净现值。

(4) 在 H14 单元格中输入公式：=IRR (H3:H12)，表示一次性买入策略的内部报酬率。

2．精确抄底逃顶(沪深 300)。

(1) 在 I3 单元格中输入–100，代表 2011 年年底投入 100 万元。

(2) 在 I4 单元格中输入公式：=–(H3/G3)*G4，代表 2012 年年底卖出(逃顶一次)。

(3) 在 I5 单元格中输入公式：=–I4，代表逃顶出来的资金在 2013 年全部抄底买入。

(4) I6=0；I7 卖出；I8 买进，I9 卖出，I10 买进，I12 卖出。

(5) 在 I13 单元格中输入公式：=NPV (0.06,I3:I12)，表示贴现 6%的净现值。

(6) 在 I14 单元格中输入公式：=IRR (I3:I12)，表示精确抄底逃顶策略的内部报酬率。

3．定投策略(沪深 300)。

(1) 在 J3:J11 单元格区域中输入–100/9，代表 100 万元平摊到 9 年投入。

(2) 在 J12 单元格中输入公式：=–(J3/G3+J4/G4+J5/G5+J6/G6+J7/G7+J8/G8+J9/G9+J10/G10+J11/G11)*G12，代表 2020 年年底卖出。

(3) 在 J13 单元格中输入公式：=NPV (0.06,J3:J12)，表示贴现 6%的净现值。

(4) 在 J14 单元格中输入公式：=IRR (J3:J12)，表示定投策略的内部报酬率。

投资决策模型的应用法等如图 11-4 所示。

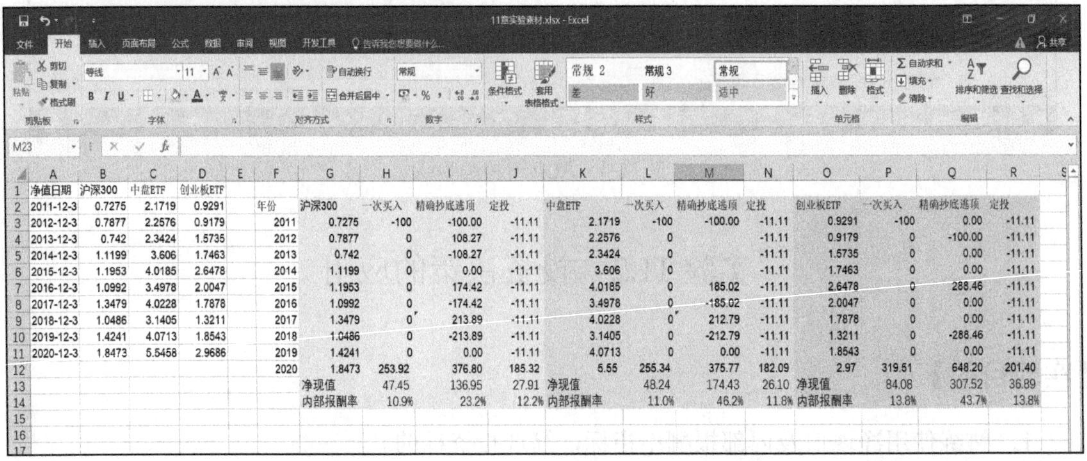

	A	B	C	D	E	F	G	H	I	J	K	L	M	N	O	P	Q	R
1	净值日期	沪深300	中盘ETF	创业板ETF														
2	2011-12-3	0.7275	2.1719	0.9291		年份	沪深300	一次买入	精确抄底逃顶	定投	中盘ETF	一次买入	精确抄底逃顶	定投	创业板ETF	一次买入	精确抄底逃顶	定投
3	2012-12-3	0.7877	2.2576	0.9179		2011	0.7275	-100	-100.00	-11.11	2.1719	-100	-100.00	-11.11	0.9291	-100	0.00	-11.11
4	2013-12-3	0.742	2.3424	1.5735		2012	0.7877	0	108.27	-11.11	2.2576	0		-11.11	0.9179	0	-100.00	-11.11
5	2014-12-3	1.1199	3.606	1.7463		2013	0.742	0	-108.27	-11.11	2.3424	0		-11.11	1.5735	0	0.00	-11.11
6	2015-12-3	1.1953	4.0185	2.6478		2014	1.1199	0	0.00	-11.11	3.606	0		-11.11	1.7463	0	0.00	-11.11
7	2016-12-3	1.0992	3.4978	2.0047		2015	1.1953	0	174.42	-11.11	4.0185	0	185.02	-11.11	2.6478	0	288.46	-11.11
8	2017-12-3	1.3479	4.0228	1.7878		2016	1.0992	0	-174.42	-11.11	3.4978	0	-185.02	-11.11	2.0047	0	0.00	-11.11
9	2018-12-3	1.0486	3.1405	1.3211		2017	1.3479	0	213.89	-11.11	4.0228	0	212.79	-11.11	1.7878	0	0.00	-11.11
10	2019-12-3	1.4241	4.0713	1.8543		2018	1.0486	0	-213.89	-11.11	3.1405	0	-212.79	-11.11	1.3211	0	-288.46	-11.11
11	2020-12-3	1.8473	5.5458	2.9686		2019	1.4241	0	0.00	-11.11	4.0713	0	0.00	-11.11	1.8543	0	0.00	-11.11
12						2020	1.8473	253.92	376.80	185.32	5.55	255.34	375.77	182.09	2.97	319.51	648.20	201.40
13							净现值	47.45	136.95	27.91	净现值	48.24	174.43	26.10	净现值	84.08	307.52	36.89
14							内部报酬率	10.9%	23.2%	12.2%	内部报酬率	11.0%	46.2%	11.8%	内部报酬率	13.8%	43.7%	13.8%

图 11-4 投资决策模型

类似地完成中盘 ETF 和创业板 ETF 投资决策，主要的不同在于精确抄底逃顶策略中每种产品的买入、卖出时间。

不管什么投资品种，如果能精确抄底逃顶，收益率一定最高，当然也没有人能每次都做到精确抄底逃顶。另外净现值会影响判断，比如投资创业板 ETF，一次买入策略和定投策略内部报酬率都是 13.8%，净现值差距很大，因为两种策略资金占用是不同的。

*实验 11.3 资产配置的应用

【实验目的】

熟悉使用最优化模型建立资产配置方案。

【实验内容】

分别选取沪深 300、中盘 ETF、创业板 ETF 的历年净值数据，使用规划求解工具构建资产配置模型。

【操作步骤】

1. 添加买入年份数值调节钮(2011~2019)，卖出年份数值调节钮(2012~2020)。

2. 建立如图示模型，在 H7 单元格中输入公式：

=(INDEX(C2:C11,MATCH($H$2,$A$2:$A$11,0))−INDEX(C2:C11,MATCH($G$2,$A$2:$A$11,0)))/INDEX(C2:C11,MATCH($G$2,$A$2:$A$11,0))

用填充柄复制公式到 I8:J8 单元格区域。

3. 添加数值调节钮，分别控制每种资产的最低、最高配置(0~100)。

4. 在 K8 单元格中输入公式 "=SUM(H8:J8)" 作为约束条件。

5. 在 H11 单元格中输入公式 "=SUMPRODUCT(H7:J7,H8:J8)" 作为目标(取最大值)。

6. 打开规划求解工具求解最优的资产配置情况。

7. 在 H5 单元格中输入公式 "=IF(H8=0,"",H6)"，用填充柄复制公式到 I5:J5 单元格区域。

8. 插入圆环图，数据系列为 H8:J8 单元格区域，分类标签为 H5:J5 单元格区域(隐藏值为 0 的标签)。

9. 可以随意调整买入和卖出年份，以及各资产配置限制，重新打开规划求解工具求解(不需要修改参数)，得到新条件下的最优资产配置，如图 11-5 所示。

图 11-5 资产配置方案